Navid Hosseini Mansoub
Shabnam Hasani

Avaliação de diferentes plantas medicinais na nutrição de aves de capoeira

Navid Hosseini Mansoub
Shabnam Hasani

Avaliação de diferentes plantas medicinais na nutrição de aves de capoeira

ScienciaScripts

Imprint

Any brand names and product names mentioned in this book are subject to trademark, brand or patent protection and are trademarks or registered trademarks of their respective holders. The use of brand names, product names, common names, trade names, product descriptions etc. even without a particular marking in this work is in no way to be construed to mean that such names may be regarded as unrestricted in respect of trademark and brand protection legislation and could thus be used by anyone.

Cover image: www.ingimage.com

This book is a translation from the original published under ISBN 978-620-7-65307-2.

Publisher:
Sciencia Scripts
is a trademark of
Dodo Books Indian Ocean Ltd. and OmniScriptum S.R.L publishing group

120 High Road, East Finchley, London, N2 9ED, United Kingdom
Str. Armeneasca 28/1, office 1, Chisinau MD-2012, Republic of Moldova, Europe
Printed at: see last page
ISBN: 978-620-8-09076-0

Conteúdo

Introdução

Durante os últimos 50 anos, a taxa de crescimento dos frangos de carne foi muito melhorada. A utilização de antibióticos como promotores de crescimento teve um papel importante na indústria avícola. Atualmente, o paradigma global está a mudar da ênfase na eficiência produtiva para uma das questões de segurança pública. A Organização Mundial de Saúde (OMS) identificou recentemente a resistência aos antibióticos como um problema importante para a saúde pública à escala global. Por esta razão, está a ser desencadeado um excesso de estudos para introduzir alternativas adequadas aos antibióticos. As plantas medicinais e os seus produtos, incluindo extractos de plantas ou óleos essenciais, são apresentados como candidatos à utilização em dietas para frangos de carne, tendo sido comprovados os seus efeitos benéficos como aditivos fitogénicos para a alimentação animal.

A indústria de frangos de carne em todos os países utiliza aves de capoeira altamente produtivas de vários cruzamentos. O potencial genético de produtividade dos cruzamentos modernos de frangos de carne é elevado: o ganho de peso médio diário (ADWG) em frangos de carne é superior a 60 g, o rácio de conversão alimentar (FCR) é de 1,35-1,40 e a capacidade de subsistência do gado durante o período de crescimento é de 97-98%. A utilização máxima do potencial genético de produtividade em condições comerciais depende em grande medida do fornecimento de nutrientes e de substâncias biologicamente activas às aves de capoeira. A maioria dos países europeus proibiu a utilização de antibióticos na alimentação dos animais. Nesta situação, é necessário prestar mais atenção às receitas de alimentos compostos para aves de capoeira, cuidar da saúde das aves de capoeira e controlar a composição da microflora do trato gastrointestinal. Atualmente, é de grande importância a seleção de ingredientes de alimentos compostos para animais e de aditivos alimentares que possam substituir os antibióticos sem alterações significativas na composição das dietas. Uma boa dieta que contenha um conjunto de componentes de cereais, equilibrada em nutrientes e substâncias biologicamente activas, tem um efeito positivo na microflora intestinal, proporciona uma elevada digestibilidade e assimilação dos nutrientes da dieta.

As plantas medicinais têm um impacto colossal nas indústrias avícolas, melhorando o seu desempenho e produtividade. No entanto, algumas destas plantas também apresentam uma influência adversa, diminuindo a percentagem de produção de ovos, a massa de ovos e a contagem de microbiota. O chá verde, a urtiga, o poejo, o mil-folhas e a alfafa, sob a forma de sementes, pó e extrato, têm um grande potencial para melhorar a imunidade, reduzir o crescimento de micróbios patogénicos e melhorar as contagens viáveis de bactérias do ácido lático. Lavanda, alfafa e urtiga em pó foram capazes de melhorar a cor da gema de ovo. Além disso, o gengibre reduziu o teor de gordura na carne e aumentou a intensidade da cor. As sementes de linho aumentaram o teor de ácido alfa-linolénico no tecido e aumentaram o teor de ácidos gordos n-3 no peito e no tecido da coxa. A avaliação fisiológica mostrou que o chá verde, a alfazema, a urtiga, o poejo e o milefólio melhoraram a imunidade das aves. A alfazema e a urtiga melhoraram as caraterísticas dos órgãos internos. Curiosamente, a utilização de sementes de linhaça melhorou a eclosão dos ovos de codorniz. Os metabolitos das plantas, particularmente o carvacrol e o timol, mostraram o seu papel fundamental como promotores naturais do crescimento, afectando o desempenho do crescimento, a biodisponibilidade dos nutrientes e a imunidade dos frangos de carne. Além disso, nos últimos anos, o microencapsulamento ou nanoencapsulamento de extractos de plantas e dos seus metabolitos melhorou o desempenho do crescimento dos frangos de carne, sugerindo assim uma ampla utilização desta técnica como potencial alternativa aos promotores de crescimento antibióticos no futuro. Esta revisão lança uma luz sobre os efeitos benéficos e não adversos de algumas das plantas medicinais importantes alimentadas diretamente e dos seus metabolitos na nutrição das aves de capoeira, a fim de sugerir o seu papel fundamental na futura empresa avícola.

Plantas medicinais na alimentação das aves de capoeira

Alho (Allium sativum)

O alho (Allium sativum) é bem conhecido como uma especiaria e um medicamento à base de plantas para a prevenção e o tratamento de muitas doenças. Os principais ingredientes activos do alho são a alicina, o ajoeno e a S-alil cistina. Verificou-se que o alho tem atividade antimicrobiana, diminui o colesterol no soro e no fígado e melhora o desempenho produtivo dos pintos de carne. Olobatoke e Mulugeta relataram aumentos significativos de 0,81 mm na altura do albúmen e de 2,71 na unidade de incubação de ovos frescos com 3% de adição de alho em pó (P < 0,05). Com 5% de suplemento de GP, os pesos dos ovos e do albúmen aumentaram significativamente em 2,06 e 1,84 g, respetivamente, em comparação com o grupo de controlo. A produção de ovos diminuiu significativamente a 5% de GP após uma diminuição no consumo de ração. Da mesma forma, a contagem bacteriana nas fezes mostrou uma redução dependente da dose à medida que o GP da dieta aumentou. A avaliação organoléptica dos ovos das aves tratadas revelou um forte sabor a alho nos ovos do grupo com 5% de GP em comparação com os grupos de controlo e 3% de GP. Os resultados do seu estudo sugerem que o GP da dieta melhorou o peso do ovo e a qualidade do albúmen com um forte sabor a alho a níveis elevados da dieta. Choi et al. avaliaram os efeitos da suplementação de dietas com alho em pó e alfatocoferol no desempenho, nos níveis de colesterol sérico e na qualidade da carne de frangos. Um total de 300 pintos de um ano de idade foram distribuídos por 5 tratamentos de dieta (0, 1, 3 e 5% de alho em pó e 3% de alho em pó + 200 UI de alfa-tocoferol/kg) com 3 réplicas de 20 aves durante 35 d. Não se registaram diferenças significativas no desempenho dos frangos de carne entre os tratamentos. O aumento dos níveis de alho em pó e a aplicação de alho em pó mais - tocoferol diminuíram significativamente o colesterol total e o colesterol das lipoproteínas de baixa densidade e aumentaram o colesterol das lipoproteínas de alta densidade no sangue dos frangos (P < 0,05). Afirmaram que a suplementação dietética com alho em pó ou alho em pó mais tocoferol aumentou os rácios de ácidos gordos insaturados, ácidos gordos insaturados totais e ácidos gordos insaturados totais: ácidos gordos saturados totais. Sugeriram que 5% de alho em pó ou 3% de alho em pó mais 200 UI de propriedades antioxidantes do tocoferol eram eficazes para melhorar a estabilidade dos lípidos e da cor.

Cominho preto (Nigella sativa L.)

As sementes de cominho preto (Nigella sativa L.) são uma das plantas medicinais mais populares. A composição e as propriedades das sementes de cominho têm sido bastante investigadas. Os autores referiram que as sementes de cominho ou os seus extractos têm efeitos antimicrobianos, anti-histamínicos, antitumorais, anti-hipertensivos e antiflamatórios. Harzallah e colaboradores referiram que os principais componentes activos das sementes de cominho preto são a timoguinona, o timol e o carvacrol, que são substâncias farmacologicamente activas. Toghyani et al. referiram que o extrato de sementes de cominho preto na dieta não afectou o peso corporal, o consumo de ração e as caraterísticas da carcaça dos frangos. No entanto, Khan et al. referiram que os frangos alimentados com dietas suplementadas com 2,5 ou 5,0% de sementes de cominho preto tiveram um ganho de peso corporal significativamente maior do que os alimentados com a dieta de 1,25% de BCS ou o controlo negativo. Também referiram que as aves que receberam 2,5 e 5% de sementes de cominho preto na dieta apresentaram um aumento ($P<0,05$) das proteínas totais no soro do que as que receberam 1,25% ou o grupo de controlo. Sogut et al. relataram que a suplementação de sementes pretas moídas na dieta de frangos de corte causou uma diminuição significativa ($P<0,01$) no consumo de ração das aves.

Cominhos (Cuminum cyminum L.)

O cominho (Cuminum cyminum L.) é uma planta anual da família Umbelliferae. O cominho é uma erva medicinal importante na Ásia e tem propriedades antioxidantes, anticolesterol e antimicrobianas. O efeito inibitório do extrato de cominho sobre a E.coli 0:157 foi demonstrado in vitro. De acordo com Shetty et al. (1994), os fungos e as leveduras foram mais sensíveis ao óleo essencial de cominho do que as bactérias. Os cominhos não só aumentaram a atividade e o teor de excreção dos ácidos biliares, como também aumentaram as enzimas digestivas do pâncreas e do intestino delgado, como a amilase, a tripsina, a quimotripsina e a lipase em ratos. O consumo oral de sementes de cominho (1,25%) diminuiu significativamente o tempo de trânsito gastrointestinal (GTT) e aumentou o tempo de retenção nos ratos. Aami-Azghadi et al. referiram que o Fermacto e vários níveis de óleo essencial de cominho não influenciaram os pesos relativos dos órgãos, o rendimento das carcaças, a digestibilidade da gordura, o tempo de trânsito gastrointestinal, a resposta imunitária humoral e a contagem de células sanguíneas, mas aumentaram ($P<0,05$) as concentrações séricas de triglicéridos e VLDL dos frangos de carne.

Hortelã selvagem (Mentha longifolia L.)

A hortelã selvagem (Mentha longifolia), conhecida como hortelã de cavalo ou habek, é frequentemente utilizada na medicina herbal doméstica, sendo valorizada especialmente pelas suas propriedades antimicrobianas, anti-sépticas, antiespasmódicas, coleréticas, carminativas e estimulantes do sistema nervoso central e pelos seus efeitos benéficos na digestão. Os compostos principais são carvona (67,3%), limoneno (13,5%), 1, 8-cineol (5,4%), mentona (2,9%), linalol (2,8%), isomentona (1,2%), que exibem fortes actividades antibacterianas e antioxidantes. Al- Ankari et al. relataram o efeito benéfico da hortelã selvagem no desempenho produtivo dos frangos de carne [10]. No entanto, Toghyani et al. e Ocak et al. não observaram qualquer efeito positivo da hortelã-pimenta seca no desempenho dos frangos de carne e nas caraterísticas da carcaça.

Óleo de abóbora (Cucurbita pepo L.)

A Cucurbita pepo pertence à família das Curcubitaceae, que inclui também a C. maxima, a C. mixta e a C. moschata. A C. pepo (abóbora canelada) tem uma forma ovoide, com uma casca curva de cor verde. No interior da casca encontra-se uma semente achatada, redonda, amarela e branca, envolta numa casca. Estas sementes são mastigáveis e doces, com um sabor a noz. Para além de ter importantes usos comestíveis e outro como aditivo alimentar industrial, o C. pepo tem também usos medicinais, incluindo anti-helmíntico e laxante natural. Além disso, tem sido amplamente aplicado no tratamento da hiperplasia benigna da próstata nos homens, obesidade, problemas de pele e bexiga irritável (enurese) nas crianças. Hajati et al. referiram que a suplementação de dietas com 5,00 g kg-1 DM de óleo de abóbora numa dieta à base de farinha de milho-soja-trigo pode ser rentável porque reduziu a mortalidade dos frangos de carne e não teve qualquer efeito adverso no desempenho das aves. Além disso, a suplementação com óleo de abóbora reduziu a gordura no sangue dos frangos de carne.

Tomilho (Thymus vulgaris L.) O tomilho (Thymus vulgaris L.) é uma planta medicinal popular cultivada principalmente nas regiões mediterrânicas e está entre as plantas herbáceas que têm recebido maior atenção devido às suas propriedades antioxidantes e antibacterianas. A erva também tem sido relatada como tendo actividades antibacterianas contra uma vasta gama de organismos microbianos patogénicos. Os principais componentes do óleo essencial de tomilho são o timol e o carvacrol, que demonstraram possuir propriedades antioxidantes potentes. Além disso, estes compostos fenólicos apresentam actividades antimicrobianas e fungicidas consideráveis. O timol foi utilizado para inibir as bactérias orais. Além disso, Denil et al. relataram os efeitos benéficos do tomilho na produção de aves de capoeira. Foi demonstrado que o tomilho moído inibe o crescimento de S. typhimurium quando adicionado aos meios. O óleo essencial de tomilho demonstrou inibir o crescimento da E. coli em meios. Foi referido que o timol estimula as secreções digestivas, como a amilase salivar nos seres humanos, e os ácidos biliares, as enzimas gástricas e pancreáticas (ou seja, lipase, amilase e proteases) e a mucosa intestinal nos ratos. Hashemipour et al. relataram que a suplementação alimentar com timol +

carvacrol melhorou o desempenho, aumentou as actividades das enzimas antioxidantes, retardou a oxidação lipídica, melhorou as actividades das enzimas digestivas e melhorou as respostas imunitárias dos frangos de carne.

Canela (Cinnamomum zelyanicum Nees.)

Os numerosos óleos essenciais encontrados na canela são principalmente o cinamaldeído e o acetato de cinamilo, o álcool cinamílico, o eugenol e o carvacrol, que demonstraram ter uma forte atividade antibacteriana e atividade antioxidante. Pesquisas anteriores mostraram que o óleo de canela e os seus constituintes (cinamaldeído e eugenol) tinham atividade antibacteriana contra Escherichia coli, Pseudomonas aeruginosa, Enterococus faecalis, Staphylococcus aureus, taphylococcus epidermis, Salmonella Sp. e Parahemolyticus. Para além disso, tem propriedades inibidoras contra Aspergillus flavus. Sang- Oh et al. estudaram dietas suplementadas com três níveis de canela em pó (3, 5 e 7 %) na qualidade da carne e no desempenho de crescimento de frangos de carne. Relataram que a qualidade da carne e o desempenho do crescimento dos frangos de carne alimentados com dietas contendo canela em pó aumentaram significativamente (P < 0,05) quando comparados com o grupo de controlo. No entanto, o TBARS da carne de frangos alimentados com dietas contendo canela em pó diminuiu significativamente (P < 0,05) quando comparado com o grupo de controlo. Os autores sugeriram que a canela em pó pode melhorar o prazo de validade e a qualidade da carne de frango, maximizando a produtividade dos frangos de carne.

Madeira de castanheiro (Castanea sativa Mill.) Um produto comercial, Silva feed ENC (ENC), um extrato natural purificado de madeira de castanheiro doce (Castanea sativa), rico em taninos hidrolisáveis como a castalagina, foi proposto para a alimentação de aves de capoeira. Graziani et al. que avaliaram a atividade antimicrobiana in vitro deste produto, observaram um efeito positivo em diferentes estirpes bacterianas, tais como Escherichia coli, Bacillus subtilis, Salmonella enterica serovar Enteritidis, Clostridium perfringens, Staphylococcus aureus e Campylobacterjejuni. Anteriormente, Li e Song obtiveram resultados semelhantes, utilizando um extrato natural de casca de castanha. Além disso, em condições práticas, alguns criadores sugeriram que a utilização de ENC na dieta pode melhorar o desempenho dos frangos de carne e reduzir a mortalidade. Schiavone et al. referiram que, quando os pintos foram alimentados com ENC dos 14 aos 56 dias de idade, o ENC teve um efeito positivo no ganho médio diário nas primeiras 2 semanas de adição, ao passo que este efeito não foi evidente nas últimas 2 semanas em comparação com o grupo de controlo. Também se registaram tendências semelhantes para o consumo diário de ração. Em geral, os pintos alimentados com 0,20% de ENC tiveram um melhor desempenho em termos de crescimento do que o grupo de controlo. A análise da carcaça não revelou lesões grosseiras nos órgãos nem diferenças significativas na composição da coxa e do peito entre os grupos. É digno de nota o facto de os grupos tratados com ENC terem menos azoto total na cama. Os pintos alimentados com 0,15 e 0,20% de ENC apresentaram uma diferença significativa no azoto total da cama em comparação com o grupo de controlo. Não se observou qualquer diferença significativa no balanço de azoto, e a adição de 0,20% de ENC pareceu ter uma influência positiva na alimentação dos pintos.

O extrato de cravo-da-índia (Syzygium aromaticum (L.) Merr. & L.M.Perry) é habitualmente utilizado na indústria alimentar devido ao seu aroma especial e segurança natural. Para além disso, o óleo essencial de cravinho também apresenta fortes propriedades antibacterianas. Foram relatadas actividades anti-sépticas, estimulantes do apetite e da digestão, fortemente antimicrobianas e antifúngicas, analgésicas e anti-inflamatórias, anestésicas, anti-inflamatórias e anticarcinogénicas, antiparasitárias e antioxidantes do cravinho e dos seus ingredientes. Isabel e Santos investigaram os efeitos de sais de ácidos orgânicos (propionato de cálcio e formiato de cálcio) e extractos de plantas (uma mistura de óleos essenciais de cravinho e canela) no desempenho do crescimento e nas caraterísticas de qualidade da carcaça de frangos de carne. Referiram que os óleos essenciais de cravinho e canela mostraram uma vantagem potencial sobre o propionato de cálcio e o formato de cálcio para melhorar o rácio de conversão alimentar e a percentagem de peso do peito. Dalkilic e Guler referiram que o extrato de cravo-da-índia tem efeitos positivos no desempenho e no processo de digestão e é um aditivo alimentar natural e seguro, pelo que a suplementação de 400 ppm de extrato de cravo-da-índia nas dietas pode ser considerada como um promotor de crescimento natural alternativo para as aves de capoeira, em vez de antibióticos.

Yucca Schidigera A Yucca schidigera é uma fonte importante de saponinas naturais que inibem o desenvolvimento de protozoários através da interação com o colesterol presente na membrana celular do parasita, resultando assim na morte do parasita. Vários estudos com saponinas demonstraram os seus efeitos positivos na melhoria da absorção de nutrientes, aumentando a permeabilidade intestinal através da despolarização da membrana. Com base nas propriedades emulsionantes (estabilização de emulsões de água ou óleo) e no efeito intenso de tornar os monoglicéridos mais solúveis, a suplementação dietética de saponinas resultará na emulsificação das gorduras oleosas, promovendo a sua digestão. As saponinas podem também afetar a absorção das vitaminas e dos minerais. Nos ratos, por exemplo, reduzem a absorção de Fe. A administração oral de saponinas está também correlacionada com a melhoria da resistência dos animais a infecções de campo (imunidade inespecífica), sugerindo um efeito imuno-modulador.

Alfafa (Medicago sativa L.) Polysavone é um extrato natural de alfafa (Medicago sativa L.) e contém polissacáridos (18,63%), saponinas triterpenóides (5,58%) e flavonóides (5,89%). Os polissacáridos das plantas possuem definitivamente um efeito imunomodulador de várias formas e regulam o equilíbrio da rede imunitária neuro-endócrina. A função de reforço imunitário dos polissacáridos da luzerna foi estudada em frangos de carne e suínos na China. As saponinas são compostos presentes numa série de plantas. Estudos anteriores sugeriram que as saponinas da luzerna podem prevenir a hipercolesterolemia, reduzir a produção de ovos e deprimir o crescimento em mamíferos e aves. Ilsley et al. referiram que as saponinas de quillaja podem potenciar uma resposta imunitária no leitão desmamado, mas têm um efeito prejudicial na utilização dos alimentos. Os flavonóides isolados de plantas são utilizados no tratamento de certas perturbações fisiológicas nos seres humanos, e alguns flavonóides apresentam actividades hormonais invulgares como estrogénios quando administrados ao gado. É provável que os flavonóides vegetais venham a ser explorados como hormonas animais e como compostos antimicrobianos, anti-inflamatórios e antitumorais no futuro.

A curcuma (Curcuma longa L.) Os fitobióticos naturais e seguros, como a curcuma (Curcuma longa), estão a ser sugeridos como alternativas devido às suas propriedades antibacterianas, antivirais, coccidiostáticas e outras propriedades benéficas. A curcuma, uma planta medicinal originária do subcontinente asiático, é conhecida pelas suas propriedades antimicrobianas e antioxidantes. O pó das raízes e rizomas secos da curcuma é utilizado como uma das especiarias nos caris indianos e noutras cozinhas. Os curcuminóides, pigmentos amarelados presentes no pó de curcuma, demonstraram efeitos protectores contra a AFB1. Gowda et al. observaram que a inclusão de 5g/kg de curcuma melhorava o ganho de peso em pintos alimentados com uma dieta que continha a aflatoxina B1, a mais biologicamente ativa. Daneshyar et al. examinaram o efeito da suplementação dietética de pó de rizoma de curcuma (TRP) nas concentrações de lipoproteínas plasmáticas, na qualidade da carne e na composição de ácidos gordos do músculo da coxa dos frangos de carne. Relataram que a suplementação de TRP nas dietas de frangos de carne diminuiu as concentrações de ácidos gordos saturados e triglicéridos na carne da coxa e, subsequentemente, melhorou a qualidade da carne. Shivappa Nayaka et al. estudaram a eficiência da inclusão de Azadirachta indica (8g/kg de dieta), curcuma (2 g/kg de dieta), vitamina E (0,2 g/kg de dieta) e as suas combinações na resposta imunitária humoral contra o vírus de Newcastle e na resposta imunitária mediada por células de pintos de carne. Relataram que a inclusão de Azadirachta indica, curcuma e vitamina E melhorou significativamente a resposta imunitária mediada por células em frangos de carne, quer isoladamente quer em combinação. No entanto, as combinações que continham curcuma e vitamina E tiveram melhores resultados em comparação com os frangos alimentados com Azadirachta indica e com a dieta de controlo.

Sumagre (Rhus coriaria L.) Sabe-se que várias plantas taniníferas, incluindo o sumagre (Rhus coriaria L.), contêm compostos naturais com actividades antimicrobianas. O sumagre cresce em estado selvagem na região que se estende desde as Ilhas Ca-nárias até ao Mediterrâneo e ao sudeste da região da Anatólia, na Turquia. A especiaria moída é utilizada como condimento e polvilhada sobre kebabs, carnes grelhadas, sopas e algumas saladas. Na medicina popular, é utilizada para o tratamento de indigestão, anorexia, diarreia, hemorragias e hiperglicemia. Os principais compostos do sumagre são os taninos hidrolisáveis e quantidades substanciais de flavonóides. Foi demonstrado que os galotaninos nas folhas de sumagre são decompostos por aquecimento acima de 50 °C. Golzadeh et al. investigaram os efeitos do pó de sumagre (Rhus coriaria L.) sobre o desempenho, as concentrações plasmáticas de colesterol total (CT), triglicéridos (TG), lipoproteínas de alta densidade (HDL-c), lipoproteínas de baixa densidade (LDLc), lipoproteínas de muito baixa densidade (VLDL-c) e açúcar no sangue em jejum (FBS), bem como a gordura abdominal proporcional. Os autores referiram que a suplementação dietética de SFP reduz as concentrações de CT, VLDL-c e FBS no sangue, o que pode estar relacionado com a diminuição da atividade da HMG-CoA redutase e da a-amilase. Os pesos mais elevados da gordura abdominal das aves alimentadas com SFP estão possivelmente relacionados com alterações do armazenamento de energia no sentido da deposição de gordura. Sharbati Alishah et al. estudaram o efeito de diferentes níveis de pó de sumagre, 0 (Z-SFP), 0,25 (L-SFP), 0,50 (M- SFP) e 1% (H-SFP) juntamente com 100 mg/kg de acetato de alfa-tocoferol (VE) no desempenho e no estado antioxidante do sangue de frangos de carne em condições de stress térmico. Os autores referiram que, embora o consumo de SFP na dieta melhore o desempenho dos frangos de carne durante o período de arranque sob stress térmico, não afecta o desempenho durante o período de crescimento nem os índices de antioxidantes no sangue à 6ª semana de idade.

Cogumelo comum (Agaricus bisporus (J.E.Lange) Emil J. Imbach) Os cogumelos são alimentos nutricionalmente funcionais que contêm compostos com atividade antimicrobiana. Além disso, são fontes ricas de antibióticos naturais. Rowan et al. relataram que numerosos polissacáridos bioactivos de cogumelos medicinais parecem melhorar as respostas imunitárias inatas e mediadas por células e exibem respostas antitumorais ou antivírus em animais e seres humanos. Várias investigações mostraram que os polissacáridos de cogumelos e ervas, como alternativas a um antibiótico, no desempenho de crescimento de frangos de carne, e descobriram que Lentinula edodes é um promotor de crescimento significativo em frangos de carne. Os polissacáridos bioactivos e as proteínas ligadas a polissacáridos dos cogumelos são capazes de modular muitas células imunitárias importantes devido à sua diversidade estrutural e à variabilidade das macromoléculas. Além disso, sugerem que os polímeros dos cogumelos (ʙ-glucanos) podem desencadear a estimulação de diferentes células imunitárias em animais e seres humanos através da ligação a um recetor celular específico conhecido como recetor do complemento tipo 3. Willis et al. observaram um aumento da produção de bifidobactérias benéficas a partir de um extrato de cogumelo (L. edodes) administrado a frangos de carne. A ergotioneína foi identificada e quantificada em vários géneros de cogumelos como o principal composto antioxidante, enquanto os antioxidantes fenólicos, o ácido variegético e a dibiviquinona, também se encontram nos cogumelos. A atividade antioxidante dos cogumelos foi documentada in vitro como um eliminador de atividade radicalar e in vivo como um protetor celular contra danos oxidativos em microssomas de fígado de rato. O cogumelo Agaricus bisporus é também considerado uma boa fonte de selénio. O consumo de A. bisporus, que é o cogumelo comestível mais amplamente investigado, demonstrou retardar o desenvolvimento de radicais livres. Willis et al. realizaram uma experiência para examinar o efeito de quatro cogumelos (Shiitake, Reishi, Cordyceps, Ostra) separados e combinados através de grãos miceliados de fungos no desempenho de frangos de carne machos após um desafio de Eimeria aos 14 dias de idade. Os autores referiram que o Shiitake era superior e que o Cordyceps, a um nível de 5 por cento, diminuía o ganho de peso corporal das aves. Também afirmaram que o Cordyceps pode reduzir a libertação de oocistos. Willis et al. estudaram o efeito de quatro cogumelos medicinais através de grãos miceliados de fungos (FMG) em três níveis sobre o desempenho da produção, os parâmetros sanguíneos e a excreção natural de oocistos de coccidiose em frangos de carne criados no chão. Trezentas fêmeas de frangos de carne com um dia de idade foram pesadas e distribuídas aleatoriamente por nove grupos de tratamento diferentes. Os quatro cogumelos utilizados foram o Shiitake (Lentinus edodes), o Reishi (Ganoderma lucidum), a Ostra (Pleurotus ostreatus) e o Cordyceps (Cordycepss inensis). Cada cogumelo foi suplementado a um nível de inclusão de 5 e 10% numa ração de farinha basal e comparado com uma ração de controlo que não continha cogumelos. Os autores afirmam que certos cogumelos têm a capacidade de influenciar o peso corporal de frangos de carne e de mostrar algum reforço imunitário através da bursa de Fabricius. Compostos polifenólicos Estas ervas medicinais são boas fontes de polifenóis, que estão amplamente distribuídos nas plantas e apresentam várias propriedades antioxidantes. De um ponto de vista médico, os compostos polifenólicos têm grande importância contra as doenças coronárias e apresentam propriedades antioxidantes e anti-tumorais. Presume-se que estas funções biológicas resultem das propriedades de eliminação de radicais dos compostos polifenólicos.

Sementes de uva (Vitis vinifera L.)

O extrato de proantocianidina de grainhas de uva (GSPE) tem sido amplamente utilizado como suplemento alimentar humano para a promoção da saúde e a prevenção de doenças. A proantocianidina é um antioxidante polifenólico natural amplamente distribuído em frutos, vegetais, nozes, sementes, flores e cascas. A estrutura monomérica das proantocianidinas é constituída por (epi) catequina ou (epi) galocatequina ligadas por ligações C4 a C8 ou C4 a C6. O flavan-3-ol condensou-se normalmente em compostos oligoméricos e poliméricos com o grau de polimerização de 2 a 11, o que foi conhecido como tanino condensado de acordo com a definição dada por Bate-Smith e Swain. Durante a última década, estudos experimentais e clínicos demonstraram que a proantocianidina tem benefícios farmacológicos e nutracêuticos variáveis, incluindo a melhoria da doença cardiovascular isquémica, a prevenção da aterosclerose, efeitos anticancerígenos, bem como actividades antibacterianas, antivirais e antifúngicas. Os efeitos benéficos das proantocianidinas foram considerados devido à sua capacidade de eliminação de radicais livres, que é 20 vezes superior à de outros antioxidantes bem conhecidos (por exemplo, vitamina C, vitamina E ou ecaroteno). Os taninos são, por conseguinte, uma parte integrante da dieta humana ao longo de milhares de anos. Os protozoários aviários, como a Eimeria, são uma das principais causas de doenças das aves de capoeira e são responsáveis por grandes perdas económicas na indústria avícola, aumentando a mortalidade e reduzindo as taxas de crescimento. A geração de mediadores pró-inflamatórios, juntamente com as espécies oxidativas e de óxido nitroso, contribuiu principalmente para a lesão inflamatória e a diarreia. Tal como acontece sobretudo no caso da infeção por parasitas, o sistema antioxidante enzimático das galinhas, incluindo a superóxido dismutase (SOD) e a catalase (CAT), foi significativamente reduzido quando infectadas com Eimeria tenella. Também foram detectadas alterações nas concentrações de NO e carotenóides séricos com a coccidiose das galinhas, o que sugere que o desequilíbrio do estado oxidante/antioxidante é provavelmente importante para a progressão da doença. Por conseguinte, as substâncias que geram stress oxidativo [por exemplo, a artemisnina ou que têm propriedades antioxidantes, como os ácidos gordos n-3, o Y-tocoferol, a curcumina e os extractos de chá verde, demonstraram determinados efeitos coccidiastáticos. As abordagens comuns utilizadas na última década para o controlo da coccidiose aviária baseavam-se fortemente em aditivos anticoccidianos para a alimentação animal, o que aumentou a resistência do parasita aos produtos farmacêuticos coccidiocidas tradicionais e, consequentemente, levou à proibição dos métodos quimioterapêuticos. Por conseguinte, existe uma procura crescente de novas profilaxias antioxidantes e imunológicas. Brenes et al. relataram que a suplementação de extrato de grainha de uva (continha 45,5% de polifenóis extraíveis) até 3,6 g/kg não alterou o desempenho do crescimento (0 a 3 semanas e 3 a 6 semanas de idade). No entanto, Hughes et al. relataram uma depressão do crescimento com a utilização de extrato de grainha de uva contendo 90,2% de fenólicos totais, expressos em equivalente de ácido gálico, e incorporado na dieta a 30 g/ kg.

Fio de ouro (Coptis chinensis Franch.)

O fio de ouro (Coptis chinensis Franch.) é uma das famosas ervas medicinais tradicionais devido às suas funções significativas de antibiose. A berberina, o principal componente ativo do goldthread, é um alcaloide derivado da isoquinolina e é amplamente utilizado no tratamento da diarreia dos vitelos e no tratamento clínico da diabetes. Liu et al. adicionaram uma mistura de três extractos de ervas medicinais dietéticas (folha de amoreira: madressilva japonesa: goldthread =48,5: 48,5:3,0) à dieta das galinhas poedeiras. Relataram que a qualidade interna do ovo, incluindo o peso, a cor da casca, a altura do albúmen, a cor da gema, o peso da casca, a espessura da casca e as unidades de galinha não foram diferentes entre os tratamentos dietéticos. Afirmaram também que os extractos de ervas medicinais da dieta podem melhorar ligeiramente a estabilidade oxidativa dos ovos.

Folha de amoreira (Morus alba L.)

A folha de amoreira (Morus alba L.) é amplamente cultivada no Extremo Oriente e tem sido referida como tendo muitas actividades biológicas, tais como actividades antioxidantes, antimicrobianas, antifúngicas, antialérgicas e hipoglicémicas. Jang et al. estudaram o potencial antioxidante e a qualidade da carne do peito de frangos de carne alimentados com uma mistura de extractos de ervas medicinais (constituída por folha de amoreira, madressilva japonesa e fio de ouro numa proporção de 48,5:48,5:3,0). Relataram que a mistura de extractos de ervas medicinais da dieta aumentou o potencial antioxidante e a preferência geral da carne do peito durante o armazenamento a frio. Madressilva japonesa

(Lonicera japonica Thunb. ex Murray) A madressilva japonesa (Lonicera japonica Thunb. ex Murray) tem sido utilizada como remédio popular para anti-inflamação e como antídoto para doenças do fígado. Os principais compostos bioactivos da madressilva japonesa são a lu- teolina, o inositol, a saponina, o tanino, o ginnol e o glicosídeo. Em conclusão, os aditivos à base de plantas podem ser utilizados na alimentação biológica de aves de capoeira para melhorar a saúde e a produtividade das aves e os agricultores podem também utilizar certos aditivos à base de plantas para enriquecer os produtos das aves (ou seja, carne, ovos) com antioxidantes naturais e compostos antimicrobianos, a fim de combater o cancro humano e as doenças infecciosas.

CAPÍTULO 2

Efeito dos nutracêuticos no desempenho das aves de capoeira

Ao longo dos anos, os nutracêuticos ganharam importância nos últimos tempos, tendo em conta a procura crescente de melhorar o desempenho da produção das aves de capoeira e a restrição ou proibição da utilização de antibióticos nos suplementos alimentares. Os nutracêuticos devem fornecer todos os elementos necessários para apoiar a saúde e a produtividade, e uma melhor biodisponibilidade e eficiência na utilização dos alimentos permite obter melhores resultados. Aumentar a eficácia dos alimentos e promover a taxa de crescimento são objectivos essenciais na avicultura. Para atingir este objetivo, devem ser tidos em conta muitos elementos, nomeadamente a qualidade dos alimentos, a genética dos animais, as condições ambientais e as doenças. À semelhança de outros animais, o aparelho digestivo das aves de capoeira é o seu sistema crítico para facilitar a utilização e a ingestão de alimentos e tem também importância no que diz respeito à exposição a agentes patogénicos ambientais. Por conseguinte, a perturbação funcional do trato digestivo põe em risco a saúde e o desempenho dos animais, uma vez que a absorção e a digestão dos alimentos são perturbadas. O intestino delgado é o principal local de absorção de nutrientes. A mucosa intestinal desempenha um papel fundamental, uma vez que aumenta a absorção de nutrientes e actua como uma barreira entre o tecido interno do hospedeiro e o conteúdo intestinal externo, servindo também como mecanismo de defesa imunitária. Esta função da mucosa é determinada pelo equilíbrio entre a camada mucosa, as células epiteliais, as células imunitárias e o microbiota.

Consequentemente, a perturbação deste equilíbrio põe em perigo o desempenho dos animais. Para manter este equilíbrio profilático, há muito tempo que são utilizadas doses de antimicrobianos na produção avícola. No entanto, vários países proibiram esta utilização, uma vez que conduz à propagação de microrganismos resistentes aos antibióticos, a efeitos ambientais prejudiciais e a riscos para a saúde dos consumidores. A redução do desempenho animal e a ocorrência de doenças específicas das aves de capoeira foram observadas após a remoção dos antibióticos da dieta das aves de capoeira. Para preencher esta lacuna, foi desenvolvida uma substância natural que preserva a saúde animal e promove a função fisiológica, e estas substâncias foram designadas "nutracêuticos". Para além do seu papel benéfico nos seres humanos, os nutracêuticos também são utilizados nas aves de capoeira para regular o sistema imunitário e a população bacteriana, para modular a morfologia do intestino, bem como para promover a taxa de crescimento.

Sabe-se que o equilíbrio entre bactérias úteis e patogénicas no trato intestinal é essencial para a saúde animal, uma vez que determina a morfologia das paredes intestinais, e que as respostas imunitárias são induzidas quando este equilíbrio é perturbado. Este desequilíbrio leva a um aumento do consumo de energia devido à resposta inflamatória às infecções microbianas. No entanto, a resposta inflamatória é necessária; seria um risco para a função intestinal e digestiva se não fosse controlada. Além disso, uma inflamação grave perturba o metabolismo do corpo. Em suma, o microbiota do intestino é fundamental para estabilizar o estado imunitário e controlar a resposta inflamatória. Por exemplo, os ácidos gordos de cadeia curta (AGCC), que são criados pelas bactérias comensais, têm um papel protetor anti-inflamatório, uma vez que evitam lesões intestinais. A modulação da microbiota intestinal é possível com a utilização de nutracêuticos na dieta das aves de capoeira, que é capaz de aumentar a propagação de bactérias úteis e de suprimir as bactérias nocivas. É evidente que os alimentos que contêm ácidos gordos polinsaturados n-3 (PUFA) exercem um impacto positivo no aumento da imunidade dos frangos de carne.

Esta revisão tem como objetivo ilustrar as diferentes substâncias nutracêuticas aplicadas na produção avícola para estabilizar a saúde animal, promover o seu desenvolvimento e modular a sua imunidade. Além disso, é discutido o mecanismo de indução destes efeitos. A presente revisão discute o papel potencial dos nutracêuticos na melhoria do desempenho do crescimento, do sistema imunitário, da microbiota intestinal e da saúde pública das aves de capoeira. Além disso, aborda os aspectos mais populares dos nutracêuticos, aplicados como uma nova estratégia para diminuir o uso de antibióticos promotores de crescimento (AGP) nas dietas das aves.

A descoberta dos antibióticos foi eficaz no controlo das doenças infecciosas e na indução da eficiência nutritiva. Os antibióticos, sintéticos ou naturais, produzidos por certas bactérias ou por fungos inferiores, são utilizados para impedir a propagação de bactérias e matá-las. Não são eficazes contra os agentes patogénicos virais e fúngicos, mas apenas contra as doenças infecciosas causadas por bactérias. Os antibióticos são amplamente utilizados no tratamento e na prevenção de infecções no homem e nos animais.

No entanto, os dados científicos mostram que a utilização generalizada destes componentes contribuiu para o aumento do problema da resistência aos antibióticos e da acumulação de resíduos de antibióticos nos alimentos e no ambiente, o que ameaça a saúde animal e humana.

Por conseguinte, são cada vez mais necessárias alternativas eficazes para controlar as doenças infecciosas e limitar a prevalência de bactérias resistentes, mas, sobretudo, manter os antibióticos como meios valiosos para o futuro.

Nos últimos cinquenta anos, a utilização de antibióticos, associada a medidas

rigorosas de higiene e de biossegurança, permitiu que a indústria avícola se desenvolvesse, evitando os efeitos adversos de várias doenças das aves. Os antibióticos são classificados de acordo com o seu modo de ação, a sua família química e as espécies de bactérias sobre as quais actuam. A indústria avícola utiliza antibióticos para aumentar a produção de carne através da prevenção de doenças, da indução da taxa de crescimento e da melhoria da conversão alimentar. Isto deve-se principalmente ao controlo das infecções gastrointestinais e à alteração do microbiota intestinal. Os antibióticos podem diminuir a carga microbiana no intestino, resultando numa maior disponibilidade de nutrientes. Em doses subterapêuticas, os antibióticos foram amplamente utilizados como aditivos antibióticos para a alimentação animal (AFA) em rações para aves de capoeira e alimentos para animais e, devido à sua toxicidade residual injustificada e/ou ao desenvolvimento de resistência aos medicamentos, os investigadores estão agora a encontrar novos aditivos alternativos para a alimentação animal, como fitoquímicos, fitoesteróis, ésteres de fitoesterol, adjuvantes, prebióticos e probióticos para a produção comercial de aves de capoeira. A este respeito, um estudo efectuado em frangos de carne com 240 dias de idade concluiu que a incorporação de Lactobacillus acidophilus como aditivo alimentar na dieta de frangos de carne na concentração de 106 UFC/g de dieta basal era capaz de melhorar os parâmetros bioquímicos sanguíneos, a morfologia histológica do intestino e a saúde intestinal dos frangos de carne e, por conseguinte, Lactobacillus acidophilus foi proposto como uma alternativa promissora aos promotores de crescimento antibióticos. Os antibióticos também afectam negativamente a imunidade das aves.
Para além das várias vantagens úteis dos antibióticos, existe o risco de desenvolver resistência antibacteriana e de transferir os genes de resistência aos antibióticos dos animais para os seres humanos. Por este motivo, é muito necessária uma alternativa aos antibióticos. Por conseguinte, esta revisão centra-se na abordagem dos nutracêuticos como uma nova alternativa para melhorar o desempenho das aves de capoeira e reforçar a resposta imunitária na criação de aves de capoeira.
Atualmente, a diminuição da utilização de antibióticos nas explorações pecuárias e a procura de alternativas mais seguras e saudáveis é uma tendência global. A frase "Que a comida seja o teu remédio e o remédio seja o teu alimento" foi proposta por Hipócrates há cerca de 2500 anos e o conceito sugeria que uma alimentação equilibrada é, por si só, um remédio para corrigir muitos problemas de saúde. No entanto, com o passar do tempo, surgiram vários termos atractivos, como alimentos funcionais, nutracêuticos, superalimentos, microbianos de alimentação direta, que desempenham o mesmo papel de

promoção da saúde através de alimentos e suplementos dietéticos. O conceito de alimento funcional foi introduzido quase nos anos 80 no Japão e esses componentes dietéticos foram designados como Alimentos para Uso Específico na Saúde (FOSHU). Mais de 300 produtos alimentares receberam o estatuto de FOSHU no Japão. Os nutracêuticos podem ser definidos como substâncias naturais, tais como produtos lácteos, ácidos orgânicos e frutos adicionados aos alimentos para proporcionar benefícios medicinais ou de saúde aos organismos vivos, incluindo o tratamento/prevenção de uma doença. Os nutracêuticos, em geral, são componentes naturais (produtos farmacêuticos) que desempenham um papel na alteração e manutenção de acções fisiológicas normais que beneficiam o hospedeiro saudável. Isto significa que os nutracêuticos, para além de serem produtos nutricionais, têm também efeitos medicinais e benefícios fisiológicos. Os nutracêuticos são produtos que melhoram a saúde, melhoram as actividades mentais e físicas do corpo e minimizam os factores de risco de doença. Há uma confusão, que ainda existe entre vários investigadores, sobre se devem ser considerados um aditivo ou um suplemento alimentar. De facto, os nutracêuticos diferem de outros suplementos alimentares em vários aspectos, tais como a sua capacidade de melhorar o bem-estar e a saúde dos animais sem deixar quaisquer resíduos na carne consumida pelo homem. Por conseguinte, parece que os nutracêuticos se situam algures entre os fármacos e os nutrientes alimentares, sendo por isso considerados como um híbrido de fármaco e alimento.

Existem diferentes sistemas de classificação que estão a ser seguidos nos nutracêuticos. Estes podem basear-se na disponibilidade de alimentos, no mecanismo de ação e na natureza química. Os produtos alimentares tradicionais e não tradicionais têm sido utilizados como nutracêuticos na categoria baseada nos alimentos, quando os nutracêuticos tradicionais incluem constituintes químicos (nutrientes, ervas e fitoquímicos), organismos probióticos e enzimas nutracêuticas e os não tradicionais incluem nutracêuticos fortificados e recombinantes. Com base no mecanismo de ação, são antimicrobianos, anti-inflamatórios e antioxidantes, o que reflecte a sua importância terapêutica. A classificação pode também basear-se na natureza química dos nutracêuticos, quer se trate de um metabolito primário ou de uma fonte de metabolitos secundários. No entanto, a descrição pormenorizada de cada nutracêutico relativamente às aves de capoeira ajudará a compreender melhor a sua importância para a saúde e a produção de aves de capoeira.

Um grande número de nutracêuticos é utilizado sob a forma de probióticos, prebióticos ou simbióticos (combinação de probióticos e prebióticos) para melhorar a saúde intestinal dos animais, e parecem também ter um efeito positivo no funcionamento de outros órgãos vitais. São reconhecidos como aditivos naturais alternativos para a alimentação animal, de utilização segura. Devido à presença de actividades farmacológicas e biológicas, os nutracêuticos impedem a resistência aos antibióticos e proporcionam frequentemente efeitos sinérgicos. Recentemente, Sachdeva et al. revelaram que os nutracêuticos estão a despertar interesse devido aos seus benefícios nutricionais e terapêuticos em relação aos medicamentos, sem efeitos secundários.

Devido aos seus potenciais impactos dietéticos e terapêuticos, os nutracêuticos obtiveram recentemente um interesse significativo. A aplicabilidade nas doenças infecciosas e não infecciosas, incluindo as doenças relacionadas com o estilo de vida dos seres humanos, é responsável pela sua popularidade nos últimos tempos e pela procura crescente. A indústria nutracêutica representa mais de 250 mil milhões de dólares por ano e os nutracêuticos utilizados em doenças animais são mais comuns do que nos seres humanos, devido ao seu baixo custo e segurança. Os nutracêuticos têm amplas utilizações na nutrição e na produção de aves de capoeira. É importante acrescentar que, utilizando uma nova geração de aditivos alimentares, incluindo os nutracêuticos na alimentação das aves, é possível obter produtos avícolas (por exemplo, ovos, carne) enriquecidos com compostos biologicamente activos, como ácidos gordos polinsaturados, microelementos e vitaminas. Os alimentos biofortificados podem ser consumidos como parte da dieta diária (alimentos nutracêuticos) e o material dos ovos pode também ser utilizado para a produção de novas biopreparações ou de uma nova geração de produtos nutracêuticos. Os compostos activos dos ovos (por exemplo, lisozima, yolkin, cistatina, fosfolípidos, por exemplo, ovolecitina, têm propriedades nutracêuticas significativas, tais como antioxidante, antimicrobiana, antialérgica, antiaterogénica e cardioprotectora). Estes produtos podem ser utilizados para o tratamento de várias doenças da civilização, tais como cancros, doenças cardíacas e cardiovasculares, hipercolesterolemia, doenças neurogenerativas (por exemplo, doença de Alzheimer), etc.

Os nutracêuticos, como os ácidos orgânicos, os prebióticos, as enzimas exógenas e os probióticos, são utilizados como alternativas aos antibióticos com efeitos moduladores do microbiota intestinal. Estes nutracêuticos podem ajudar a proteger o hospedeiro de doenças infecciosas e melhorar o microbiota intestinal, as funções imunitárias e promover o crescimento das aves de capoeira. Modulam o microbiota intestinal, o que ajuda a melhorar a digestão, a absorção e o metabolismo dos nutrientes, bem como a saúde geral e o desempenho de crescimento das aves de capoeira. Têm propriedades antitríticas e protectoras do intestino. Rinttila e Apajalahti referiram que o microbiota intestinal comensal parece desempenhar papéis vitais na orientação da estrutura interna e no desenvolvimento da morfologia, modulando as respostas imunitárias, protegendo contra agentes patogénicos luminosos e facilitando a absorção e utilização de nutrientes. Isto significa que a mucosa intestinal desempenha um papel crucial na digestão e no desenvolvimento do trato gastrointestinal (TGI). Os nutracêuticos provaram ser benéficos na modulação do ambiente intestinal, elaborando assim o papel digestivo e absorvente das funções metabólicas e imunológicas que são vitais para o crescimento, o desenvolvimento, a saúde e a produtividade das aves de capoeira. Sabe-se que o microbiota intestinal comensal é um indutor essencial para a maturação e o desenvolvimento dos mecanismos de defesa inatos e da resposta imunitária adaptativa das galinhas. O microbiota intestinal desempenha um papel decisivo na manipulação da proliferação epitelial do intestino, na síntese de vitaminas e no metabolismo energético do hospedeiro. Nas aves de capoeira, o TGI acomoda um microbioma sofisticado e dinâmico constituído principalmente por bactérias e um baixo nível de fungos, protozoários, bacteriófagos, leveduras e vírus. Estes micróbios reagem extensivamente com o hospedeiro e com os alimentos consumidos. Cada parte do TGI tem uma população microbiana diferente, cada nicho. Muitas vezes, nas galinhas, a influência sobre a saúde intestinal pode provir de um desequilíbrio microbiano no intestino. É comummente reconhecido que o equilíbrio microbiano adequado entre o número de bactérias nocivas e favoráveis no TGI (as bactérias favoráveis representam cerca de 85% do total de bactérias) é fundamental para o hospedeiro. O desequilíbrio bacteriano é agravado pela eliminação dos antibióticos da alimentação. Em concordância, Kabir revelou que o equilíbrio da microbiota intestinal é vital para melhorar ao máximo o desempenho de crescimento dos frangos e a saúde do intestino. No entanto, a população microbiana intestinal pode ser alterada por meios dietéticos, em combinação com as bactérias benéficas em crescimento no intestino do frango. Humphrey e Klasing descobriram que a alteração do microbiota pode ter impacto na morfologia da parede intestinal e provocar reacções imunitárias que, por sua vez, podem influenciar os gastos de energia e o desenvolvimento do frango. As alterações no microbiota intestinal das galinhas podem afetar a sua imunidade e saúde. No entanto, vários factores podem influenciar a alteração do microbiota intestinal dos frangos, incluindo a presença de antibióticos na dieta, a exposição a agentes patogénicos e as condições de alojamento.

Os nutracêuticos são constituídos por nutrientes fortificados, para além das vitaminas e minerais habituais na dieta e, quando consumidos na dose recomendada juntamente com a dieta, os nutracêuticos/alimentos funcionais apresentam vários benefícios para a saúde. O fornecimento de nutracêuticos às aves pode desempenhar várias actividades no organismo animal, tais como anti-inflamatória, antimicrobiana, sedativa, adaptogénica, imunomoduladora, antioxidante e eliminadora de radicais livres com vários impactos farmacológicos. Das et al. referiram que os nutracêuticos podem variar entre nutrientes isolados (vitaminas, minerais, aminoácidos e ácidos gordos), suplementos alimentares (prebióticos, ácidos orgânicos, antioxidantes, enzimas, simbióticos, probióticos), produtos à base de plantas (especiarias, ervas, polifenóis) e alimentos geneticamente modificados, podendo melhorar o microbiota intestinal, a resposta imunitária e o desempenho de crescimento das aves de capoeira.

O interesse crescente pelas plantas medicinais deve-se às suas propriedades que podem contribuir para melhorar a qualidade do produto final das aves de capoeira. As ervas e os óleos vegetais têm sido normalmente utilizados na alimentação das aves de capoeira para manter a sua saúde e melhorar o desempenho produtivo devido ao conteúdo dos seus constituintes activos que têm impactos medicinais, tais como anti-inflamatórios, antioxidantes e antibacterianos, e exercem impactos afirmativos nos processos fisiológicos. Alguns relatórios mostraram que a taxa de conversão alimentar das galinhas e a produção de ovos foram melhoradas com a adição de óleos essenciais de canela ou de alecrim nas dietas.

Para compreender a influência destes óleos essenciais, existem dois mecanismos aceitáveis. O primeiro mecanismo é considerado pelo aumento da secreção de enzimas digestivas, e o segundo está relacionado com a estabilização do ecossistema da microflora intestinal, o que leva a uma melhor utilização dos alimentos e à diminuição da exposição a distúrbios depressores do crescimento que podem estar relacionados com os processos de digestão e metabolismo. Além disso, alguns estudos com frangos de carne documentaram influências afirmativas dos óleos essenciais na secreção de enzimas digestivas do pâncreas e da mucosa intestinal, e estes impactos foram estabelecidos através do aumento da digestibilidade dos nutrientes.

Historicamente, as enzimas são consideradas não tóxicas e não constituem uma preocupação de segurança para os consumidores, uma vez que estão naturalmente presentes nos ingredientes utilizados na produção de alimentos. No entanto, as enzimas alimentares produzidas industrialmente por extração de tecidos vegetais e animais, ou por fermentação de microrganismos, são avaliadas em termos de segurança. As enzimas exógenas têm sido utilizadas para melhorar a utilização dos alimentos, o desempenho em termos de crescimento, a digestibilidade dos nutrientes, a qualidade da carne e o estado físico-bioquímico das aves de capoeira. A importância nutricional das enzimas exógenas na eficiência da utilização dos alimentos e na promoção do crescimento é bem conhecida no sector avícola. Ajudam a reduzir os compostos antinutricionais, como as fibras e os taninos condensados, aumentam o consumo de alimentos, melhoram a eficiência da conversão alimentar, o ganho de peso corporal, a qualidade da carne e o índice europeu de produção (IEP). As enzimas exógenas provêm de bactérias como Streptococcus faecium, Lactobacillus acidophilus e Bacillus subtilis, de fungos como Aspergillus oryzae e Trichoderma longibrachiatum ou de leveduras como Saccharomyces cerevisiae. Algumas são produzidas a partir de plantas ou animais, mas as enzimas microbianas são preferidas. Diferentes enzimas digestivas, incluindo amilase, xilanase, в-glucanase, etc., têm sido fornecidas aos animais. A atividade enzimática é afetada por diferentes factores, como os ingredientes da ração, a humidade, a temperatura, o pH intestinal, a idade e a espécie do animal.

A digestão e absorção de uma matéria-prima como o milho e a soja é complicada, pois contém polissacáridos e inibidores de proteases, pelo que a adição de enzimas exógenas facilita a sua digestão. As enzimas exógenas compensam a deficiência de uma enzima endógena que é importante na digestão dos factores anti-nutricionais. A adição de enzimas é essencial nas aves de capoeira, mais do que nos animais, devido ao intestino curto e à falta de flora microbiana. A glucanase e a celulase são importantes para a digestão da cevada e da celulose, respetivamente.

O aumento dos AGCC, como o ácido lático ou orgânico, e a diminuição do amoníaco são atribuídos à adição de xilanase à ração. As aves de capoeira alimentadas com dietas fornecidas com xilanase demonstraram um aumento de Lactobacillus e Bifidobacteria no conteúdo cecal. Pelo contrário, conduziu a uma diminuição das contagens bacterianas de Salmonella e Coliformes. Outras investigações não indicaram alterações no número de Lactobacilli "Gallazyme" composto por protease, Bacillus subtilis (8.000 unidades/g), xilanase, Trichoderma longibrachiatum (600 unidades/g), amilase e Bacillus amyloliquofaciens (800 unidades/g) foi utilizado com grãos secos de destilaria de milho com solúveis (DDGS) para examinar o efeito sobre os metabolitos sanguíneos, os nutrientes dos ovos, a qualidade dos ovos e o desempenho das galinhas poedeiras (de 22 a 42 semanas de idade). O DDGS foi utilizado como substituto adequado do grão de soja (SBM). A mesma experiência foi realizada sem o cocktail de enzimas. Foi demonstrado que a utilização de uma mistura de enzimas numa dieta baseada em DDGS pode promover a qualidade dos ovos e a eficiência alimentar, bem como diminuir o amoníaco e aumentar o cálcio no sangue. Aconselha-se a substituição de SBM por DDGS na dieta (até 500 g/kg). Foi relatado que a suplementação de proteases exógenas na dieta de frangos de carne aumentou o ganho de peso em 7,3%, e este resultado confirmou a utilidade da enzima exógena.

A utilização da enzima na alimentação das aves de capoeira aumenta a viscosidade intestinal, melhorando a digestibilidade e o metabolismo dos nutrientes. Além disso, a enzima pode substituir os antibióticos e pode impedir o desenvolvimento e a colonização de microrganismos nocivos no intestino A redução do nível de pH para menos de 4 é vital para fazer o efeito da enzima exógena, sendo preferível a utilização de uma mistura de enzimas para evitar os efeitos anti-nutritivos dos componentes dos alimentos para animais. A suplementação de fitase nos alimentos para aves de capoeira pode melhorar a utilização dos alimentos, o desempenho, a digestibilidade dos nutrientes e a disponibilidade de energia. A fitase, juntamente com a suplementação de zinco na dieta, melhorou o desempenho de crescimento e a utilização de zinco de patos brancos (Attia et al., 2019). O modo de ação da enzima de degradação de polissacáridos não amiláceos (NSPase) e da fitase.

Os nutracêuticos ou alimentos funcionais (probióticos) melhoram a saúde do hospedeiro, alterando os parâmetros nutricionais, imunológicos e fisiológicos do organismo do hospedeiro e, sob a forma de estirpes probióticas, ajudam a estabelecer um equilíbrio na microflora intestinal. Atualmente, estão disponíveis dados de segurança para alguns microrganismos iniciadores tradicionais e também para certas estirpes probióticas que estão disponíveis comercialmente há vários anos. Na maioria dos casos, a segurança das novas estirpes foi deduzida principalmente da ocorrência comum das espécies, quer nos alimentos, quer como comensais normais no intestino humano. Recomenda-se a utilização de probióticos para evitar doenças e manter a saúde, apesar do seu complexo mecanismo de ação, que é fortemente influenciado pela sua localização no trato gastrointestinal, pela integridade da mucosa intestinal e pelo tempo de trânsito no intestino. As preparações probióticas incluem: bactérias do ácido lático (LAB) (Lactobacillus plantarum, Lactobacillus helveticus, Lactobacillus bulgaricus, Lactobacillus lactis, Lactobacillus. casei, Lactobacillus acidophilus, Lactobacillus salivarius), Bifidobacterium spp, Enterococcus faecalis, Enterococcus faecium, Streptococcus thermophilus, Bacillus, Pediococcus e leveduras como Saccharomyces cerevisiae e Candida spp. Os metabolitos na cultura de levedura de Saccharomyces cerevisiae (tais como provitaminas e micronutrientes que incluem factores de crescimento) podem estimular o crescimento bacteriano no trato digestivo e otimizar a ingestão de alimentos pelas aves de capoeira.

Os probióticos, que normalmente não são afectados pela atividade da microflora do sistema digestivo, são essenciais para promover o aumento de peso, regular a ingestão de alimentos, a digestão, a resposta imunitária e diminuir a taxa de mortalidade; consequentemente, são utilizados principalmente na alimentação das aves de capoeira. Sendo resistentes a diferentes valores de pH e a ácidos orgânicos, os probióticos crescem rapidamente e organizam as células da imunidade intestinal que se agarram às células intestinais sem afetar o tecido intestinal ou a sua permeabilidade. É necessário que os probióticos demonstrem inibição e resistência à colonização intestinal por bactérias patogénicas para diminuir a frequência e a duração das doenças. Apesar da utilidade dos probióticos para o sistema digestivo, imunitário e metabolismo do hospedeiro, podem tornar-se responsáveis pela produção de toxinas e consequente desenvolvimento de afecções intercorrentes, bem como pela disseminação de genes de resistência a antibióticos em bactérias patogénicas.

O principal impacto dos probióticos é o seguinte (1) proteção da microflora intestinal saudável contra bactérias patogénicas através de efeitos concorrentes e antagónicos, (2) ajuste da digestão através do controlo da ingestão de alimentos, absorção após a desintegração de substâncias orgânicas, (3) alteração do metabolismo através do aumento das actividades do sistema digestivo, atividade bacteriana e diminuição da produção de amoníaco, (4) promoção da imunidade através do aumento da secreção de antibióticos, macrófagos e citocinas, (5) prevenção da produção de toxinas bacterianas, além do controlo de protozoários e coccidiose através da alteração da qualidade da água. Atualmente, recomenda-se a utilização de produtos comerciais de diferentes combinações probióticas para estimular a eficácia dos probióticos, embora se deva ter em conta que cada estirpe bacteriana utilizada para fins probióticos é específica para um tipo de hospedeiro único ou para um tipo de doença.

Devemos também ter em consideração que os microrganismos (Mos) dos produtos probióticos não afectam todos os tipos de doenças, pelo que, para beneficiar plenamente de uma estirpe específica de doença, é necessário conhecer a dose adequada (geralmente 109 UFC/kg de ração para aves de capoeira), para além de que podem ser obtidos riscos e efeitos nocivos na atividade metabólica devido a um adjuvante que contenha probióticos. A razão para a população bacteriana instável quando se adiciona um único probiótico é desconhecida. Assim, a combinação microbiana complexa é adicionada para promover a população bacteriana natural e superar a concorrência do agente patogénico. Sabe-se que este aspeto é útil em animais, uma vez que se registou uma queda proeminente na contagem de salmonelas intestinais quando uma mistura de bactérias aeróbias comensais foi adicionada a esses animais. A resistência aos antibióticos dos probióticos que são transportados para as bactérias intestinais é objeto de um debate significativo entre as instituições e autoridades industriais, que começaram a publicar relatórios a este respeito.

Khoobani et al. realizaram uma experiência para examinar o efeito da chicória (Chicorium intybus L.) em pó e da mistura probiótica (PrimaLac®) sob a forma de aditivos alimentares naturais no desempenho dos frangos de carne (Khoobani et al., 2019). Por esta razão, um número total de 225 frangos de corte Ross 308 com um dia de idade foram alimentados com diferentes combinações de dieta. Os resultados mostraram um aumento significativo no ganho de peso corporal, indicando caraterísticas favoráveis de crescimento e desempenho, redução dos triglicéridos no sangue e da lipoproteína de baixa densidade (LDL) com um aumento da lipoproteína de alta densidade (HDL) e uma microbiota intestinal equilibrada, incluindo a microflora ileal em frangos de carne. Um estudo comparativo em frangos de carne alimentados com diferentes aditivos como antibiótico (Renamycin 100®), fitobiótico (Galibiotic®), probiótico (Bio-Top®) e combinação de probiótico e fitobiótico mostrou que a alimentação com probiótico melhorou o desempenho de crescimento dos frangos de carne. Assim, concluiu-se que os probióticos podem ser uma melhor opção como promotores de crescimento na produção avícola (Ferdous et al., 2019). Descobriu-se que o CloStat® protege as aves de capoeira contra Staphylococcus aureus, Escherichia coli, Salmonella Typhimurium e Clostridium perfringens (Aljumaah et al., 2020).

Foi relatado o efeito anti-aflatoxigénico de lactobacilos probióticos caracterizados indigenamente contra Aspergillus flavus (Azeem et al., 2019). Ajuda a reduzir a atividade e o teor de aflatoxinas nos alimentos para animais, que são um contaminante comum dos alimentos para aves de capoeira. Num estudo, 300 pintos de um dia de idade da Hy-line foram fornecidos com Bacillus subtilis e Enterococcus faecium como suplementação dietética até ao período de 10 semanas de idade, para ver os seus efeitos moduladores da saúde no desempenho, resposta fisiológica e imunológica. Os resultados do estudo revelaram um aumento considerável do ganho de peso corporal total, incluindo um peso comparativamente mais elevado da carcaça, proventrículo, intestino delgado, coração, fígado, baço, rim, timo e bursa de Fabricius. Também os parâmetros sanguíneos, como a glucose sérica, o cálcio, o fósforo, a contagem de glóbulos vermelhos (RBC), a contagem de glóbulos brancos (WBC), a concentração de hemoglobina, os valores de hematócrito e a hormona triiodotironina foram também aumentados, juntamente com uma queda significativa nas concentrações de fosfatase alcalina sérica (ALP), aspartato transaminase (AST), alanina transaminase (ALT), ácido úrico, triglicéridos e colesterol, sugerindo um papel importante de B. subtilis e E. faecium utilizados como aditivos alimentares (Hatab et al, 2016). Aumento no ganho de peso corporal, uma diminuição significativa na taxa de conversão alimentar, bem como melhores índices sanguíneos e imunológicos (imunoglobulina sérica A e G) foram observados em 336 frangos de corte Arbor Acres alimentados com cultura de levedura de Saccharomyces cerevisiae rica em compostos eficazes como frutose, glicina, galactose, inositol e sacarose (Sun et al., 2019).

Os investigadores estudaram o efeito da administração dietética de bacitracina de zinco como promotor de crescimento antibiótico (AGP), da preparação probiótica de várias estirpes em combinação com vitaminas e minerais e da preparação comercial do probiótico Bacillus subtilis nos parâmetros hematológicos e na microbiota intestinal de um total de 240 frangos cruzados indígenas indonésios com um dia de idade durante um período de dez semanas. Os resultados concluíram que a preparação probiótica multi-estirpes, juntamente com vitaminas e minerais, tinha melhores propriedades de reforço imunitário em comparação com outros grupos (Sugiharto et al., 2018).

Os investigadores examinaram o efeito do sal biliar, do pH e da adição de simbióticos na sobrevivência de probióticos como Lactobacillus reuteri, Pediococcus acidilactici, Bifidobacterium animalis e Enterococcus faecium no trato intestinal de aves de capoeira. As experiências in vitro sugeriram que 1,0% de sal biliar no meio aumentava o crescimento de Lactobacillus reuteri e Pediococcus acidilactici, enquanto a concentração de 0,5% de sal biliar era óptima para o crescimento suficiente de Bifidobacterium animalis e Enterococcus faecium. Além disso, estudos in ovo mostraram que, quando o probiótico é suplementado como sinbiótico, a colonização e a capacidade de sobrevivência de diferentes probióticos são alteradas em diferentes secções do duodeno, jejuno e íleo do intestino, o que pode ser confirmado por PCR em tempo real (Siwek et al., 2018).

Os prebióticos são os produtos degradados produzidos pela ação microbiana sobre os nutrientes no intestino. Eles alimentam a microbiota e seus produtos de degradação são ácidos graxos de cadeia curta que podem ser absorvidos no sangue e, portanto, os prebióticos não têm apenas ação local orientada para o intestino, mas também afetam outros órgãos (Davani-Davari et al., 2019; Fernandez et al., 2016). Os prebióticos modulam a composição da fibra da dieta, o efeito na flora intestinal e têm uma ação fisiológica vantajosa no cólon e em todo o corpo e diminuem diferentes riscos prováveis de patógenos (Ezzat Abd El-Hack et al., 2016; Micciche et al., 2018; Ricke, 2018), especialmente patógenos de origem alimentar, como Salmonella e

Campylobacter (Micciche et al., 2018). Quando os prebióticos são fermentados por bactérias gastrointestinais, acredita-se que os ácidos gordos de cadeia curta gerados são um mecanismo inibitório primário contra os agentes patogénicos (Ricke, 2018).

A atividade das bactérias intestinais deve ser seletivamente motivada pelo prebiótico sem ser afetada pela atividade gástrica, enzima hidrolítica, digestão intestinal mesmo pela taxa escassa (Kolida e Gibson, 2011). Os prebióticos diferem dos probióticos, que são ingredientes não vivos que não são utilizados pelas células hospedeiras e mais eficientes são utilizados no cólon, enquanto os probióticos actuam no intestino delgado (Kum e Sekkin, 2012). Os frutooligossacáridos (FOs), incluindo a inulina, os galactooligossacáridos (GOS), os oligossacáridos de soja (SOS), os xilo-oligossacáridos (XOS), as pirodextrinas, os isomaltooligossacáridos (IMO), a lactulose, a oligofrutose, etc., têm sido utilizados recentemente pelo sector avícola, têm sido utilizados recentemente pelo sector avícola (Huyghebaert et al., 2011; Kim et al., 2011; Micciche et al., 2018; Ricke, 2018).

Os prebióticos de origem natural incluem leguminosas, frutas e cereais. No entanto, hoje em dia há um uso esmagador de tipos sintetizados (Markowiak e Slizewska, 2018). Os probióticos e prebióticos são suplementados à dieta das aves para prevenir doenças intestinais (Dhama et al., 2008; Dhama et al., 2011; Elgeddawy et al., 2020). Tanto os probióticos como os prebióticos têm o mesmo mecanismo na modificação da microbiota intestinal (Huyghebaert et al., 2011). Nos sistemas comerciais de criação de pintos, durante o período perinatal, devido a várias operações sobre os pintos eclodidos, como a vacinação e o transporte, o perfil microbiano dos pintos é alterado, o que afecta o desenvolvimento da microflora gastrointestinal e a imunidade inata. Por este motivo, os ovos de galinha embrionados são inoculados com prebióticos, probióticos ou simbióticos no 12.º dia, de modo a que, após atravessarem as membranas externa e interna da casca, possam entrar no intestino embrionário a fim de estimular o estabelecimento da microflora interna. Foram também observados efeitos favoráveis na morfologia intestinal, no conteúdo da microflora, na eficiência da conversão alimentar, nas caraterísticas de crescimento, na estrutura e na qualidade da carne de frango e no estado imunitário das aves de corte (Shanmugasundaram et al., 2019b).

A estrutura e o metabolismo dos prebióticos são muito distintos. O efeito osmótico dos prebióticos aparece quando eles não são fermentados. No entanto, quando as bactérias são fermentadas, um número limitado delas é ativado seletivamente. Depois disso, observa-se uma redução da taxa de produção de azoto, um aumento da formação de AGCC, uma diminuição da eficiência da enzima redutase e um ajuste do sistema imunitário. Consequentemente, os prebióticos aumentam a produção de gás e o peso fecal, evitam a obstipação, ajustam o habitat intestinal, diminuem ligeiramente o nível de pH no cólon, a proporção de proteína transportadora ativa é aumentada e a proporção tóxica, os resíduos mutagénicos, os ácidos biliares e as enzimas carcinogénicas são reduzidos (Roberfroid et al., 2010). Para além do seu impacto positivo, através da variação da quantidade e dos períodos de aplicação, pode obter-se um resultado diferente. Por exemplo, a utilização de grandes doses de prebióticos provoca inchaço intestinal, fermentação excessiva de gases e diarreia. Em suma, uma vez que não afectam significativamente os agentes patogénicos como um antibiótico, a sua eliminação pode ser um aspeto negativo em relação aos prebióticos (Kum e Sekkin, 2012).

Os prebióticos estimulam o sistema imunitário do hospedeiro e também melhoram a colonização de bactérias benéficas, reduzindo a carga bacteriana patogénica por exclusão competitiva, reduzindo assim a morte das aves de capoeira (Alloui et al., 2013). O agente patogénico é comprimido na elevada acidez intestinal dos SCFAs produzidos pelos prebióticos, e a resposta de defesa do animal é melhorada devido à rápida remoção do agente patogénico do intestino (Kim et al., 2011). A promoção do mecanismo indireto do sistema imunitário através da interação com células imunitárias e prebióticos leva à estimulação da colonização de MOs benéficos nestes locais do intestino (Janardhana et al., 2009). Não se obtiveram alterações no consumo e na eficiência alimentar e na taxa de mortalidade após a aplicação de prebióticos separadamente (FOs e MOs) quando comparados com o controlo, mas os pesos vivos aumentaram (Kim et al., 2011), em oposição a outros estudos que não relataram qualquer aumento nos pesos vivos após a adição de prebióticos (Biggs et al., 2007; Janardhana et al., 2009).

Estas diferenças explicam os diferentes tipos de prebióticos utilizados em cada estudo. Como a inulina e os FOs aumentam o crescimento de Bifidobactérias que têm os mesmos locais de ligação do patogéneo, impedem a existência de bactérias patogénicas (Salmonella, E. coli) no intestino do hospedeiro. Além disso, verificou-se que a caraterística de barreira do epitélio intestinal é regulada por prebióticos. Como resultado, a energia foi fornecida às células do intestino grosso e a diarreia relacionada com os antibióticos foi interrompida. Os prebióticos aumentam a extração de azoto do intestino, o que alivia a carga renal, diminui o nível de lipoproteínas de baixa densidade e de triglicéridos e aumenta as imunoglobulinas no sistema imunitário. Assim, podem modular a imunidade para melhorar a qualidade do produto (baixo teor de colesterol do ovo), regular a microbiota intestinal e diminuir a patogenicidade dos MOs (Roberfroid et al., 2010). No entanto, Solis-Cruz et al. esclareceram que a eficiência dos prebióticos depende de muitos fatores, por exemplo, o tipo de adição, dosagem, conteúdo da dieta, condição ambiental e tipo de animal, exibindo influências variáveis nas espécies de aves (Solis-Cruz et al., 2019).

Assim, é essencial determinar as condições em que os prebióticos são eficazes e esclarecer seus mecanismos e ações, para garantir seu uso prático.

Os simbióticos são referidos como suplementos nutricionais que combinam probióticos e prebióticos (Alloui et al., 2013; Mansour Hamed e Hassan, 2013). São observados efeitos sinérgicos no caso da combinação de espécies probióticas benéficas e hidratos de carbono prebióticos (Aziz Mousavi et al., 2018; Markowiak e Slizewska, 2018). Por exemplo, Slizewska et al. examinaram o efeito de simbióticos que continham Lactobacillus e Saccharomyces cerevisiae (probiótico) e inulina (prebiótico) (Slizewska et al., 2020). Estas preparações estimularam o crescimento e o desenvolvimento de microrganismos intestinais (Lactobacillus e Bifidobacterium) e reduziram a contagem de potenciais agentes patogénicos (E. coli e Clostridium). Shanmugasundaram et al. descobriram que a suplementação de um simbiótico composto por Lactobacillus reuteri, Bifidobacterium animalis, Enterococcus faecium, Pediococcus acidilactici e fruto-oligossacarídeo diminuiu a colonização de Salmonella no intestino e a contaminação da carcaça em aves de corte (Shanmugasundaram et al., 2019a). Recentemente, a utilização de simbióticos (Lactobacillus spp., Saccharomyces cerevisiae e inulina) em frangos de carne aumentou o ácido lático, os ácidos gordos de cadeia curta e a população bacteriana benéfica, enquanto diminuiu os ácidos gordos de cadeia ramificada e a população patogénica no intestino (Slizewska et al., 2020). O seguinte aumento do rácio de conversão alimentar justificou a utilização de simbióticos como aditivos alimentares na produção de frangos de carne.

Do mesmo modo, outro estudo recente demonstrou que, em condições de stress térmico, a suplementação com sinbióticos a frangos de carne reduziu as alterações prejudiciais causadas pelo stress térmico, o que foi evidente na redução dos níveis de HSP70 no fígado e no hipotálamo dos grupos tratados com sinbióticos do que no controlo (Jiang et al., 2020). Dois simbióticos, nomeadamente o Lactobacillus salivarius com galactooligossacarídeos (GOS) e o Lactobacillus plantarum com oligossacarídeos da família da rafinose, quando testados em frangos de carne, mostraram que o Lactobacillus salivarius com GOS teve um melhor efeito benéfico, como a redução da carga patogénica no intestino, pelo que esta combinação de simbióticos pode ser utilizada para uma melhor produção de frangos de carne (Dunislawska et al., 2017). Uma mistura de sinbióticos, nomeadamente Lactobacillus rhamnosus HN001 e Pediococcus acidilactici MA18/5M e fructanos de Agave tequilana, quando alimentada a aves de capoeira, registou uma redução da carga de Salmonella Typhimurium e Clostridium perfringens no intestino. Assim, os simbióticos reduzem a carga bacteriana patogénica no intestino das aves de capoeira (Villagran-de la Mora et al., 2019). Uma combinação de dietas suplementadas com antibióticos, probióticos e fitobióticos melhorou os efeitos deteriorativos da infeção por Clostridium perfringens em frangos de carne e melhorou o desempenho, a saúde intestinal, as caraterísticas da carcaça e a qualidade da carne (Hussein et al., 2020). Estes simbióticos incluíam avilamicina, probiótico vivo (Bacillus subtilis), compostos fitobióticos naturais (sanguinarina e protopina) e estirpe probiótica de esporos (Bacillus subtilis).

Os ácidos orgânicos são de origem animal e vegetal. A fermentação microbiana de hidratos de carbono no ceco das aves de capoeira é outra fonte de ácidos orgânicos (Huyghebaert et al., 2011). Diferentes ácidos orgânicos com várias propriedades químicas e físicas podem ser utilizados por adição à água e aos alimentos, quer sejam utilizados isoladamente ou em combinação. No entanto, a sua combinação é mais benéfica (Menconi et al., 2014). Não se espera que a utilização dos ácidos orgânicos represente um risco para o consumidor, tendo em conta que estes ácidos são rapidamente metabolizados, com uma deposição muito baixa, se existir, nos tecidos comestíveis das aves de capoeira. Tendo em conta o conjunto de provas disponíveis, a utilização de ácidos orgânicos na alimentação animal nos níveis máximos propostos não afectará a exposição dos consumidores a resíduos ou metabolitos preocupantes através dos alimentos provenientes de animais tratados. Devido à improbabilidade de exposição, não se prevê qualquer risco para os utilizadores em caso de inalação dos ácidos orgânicos; os ácidos orgânicos não são sensibilizantes para a pele, mas podem ser irritantes para a pele e os olhos. A utilização proposta dos ácidos orgânicos não apresenta riscos ambientais. Nos países da União Europeia, os ácidos orgânicos e os seus sais (como o ácido fórmico e propiónico) são utilizados como conservantes alimentares. O efeito antimicrobiano é obtido a partir de ácidos orgânicos de cadeia curta, como os ácidos monocarboxílicos simples, os ácidos carboxílicos com hidroxilo e os ácidos carboxílicos com ligações duplas (Shahidi et al., 2014). A atividade ácida fraca e a dissociação são as caraterísticas dos ácidos orgânicos. Alguns deles apresentam-se sob a forma de sais de sódio, potássio ou cálcio.

Por conseguinte, obtêm-se muitos benefícios, uma vez que são mais solúveis em água, inodoros, menos corrosivos e menos voláteis do que os ácidos durante a preparação dos alimentos, por outras palavras, são rapidamente processados (Huyghebaert et al., 2011). O uso excessivo de ácidos orgânicos na alimentação de aves de capoeira deve-se ao (1) efeito antimicrobiano, (2) regulação intestinal, (3) bom efeito na saúde, nutrição, desempenho e qualidade dos ovos (Khan e Iqbal, 2016). Dissolvidos na água melhoram a microflora intestinal, a digestão dos alimentos e o crescimento, e diminuem as doenças do estômago

(Mansour Hamed e Hassan, 2013).

A administração de ácido orgânico e dos seus sais ou da sua combinação aumenta a profundidade das criptas e a altura das vilosidades no intestino delgado de frangos de carne (Adil et al., 2010; Kum et al., 2010; Paul et al., 2007). O aumento da altura das vilosidades faz com que o epitélio intestinal constitua uma forte barreira natural contra substâncias tóxicas e bactérias patogénicas. Assim, a colonização do agente patogénico diminui, a digestão e a absorção do nutriente aumentam devido à adição de ácido orgânico e do seu sal (Iji e Tivey, 1998). Além disso, a redução do número de LAB no íleo e no ceco, a diminuição de Enterobacteriaceae e Salmonella, o aumento do peso corporal e da eficiência alimentar são o resultado da adição de ácido orgânico à alimentação de frangos de carne (Adil et al., 2010). O ácido orgânico reduz a Salmonella e a E. coli no intestino e é melhor do que as estruturas polipeptídicas como fator de crescimento (Hassan et al., 2010). Os ácidos orgânicos entram livremente no citoplasma das bactérias e são provenientes do antimicrobiano com base na sua forma dissociada, nos valores de pKa e na hidrofobicidade (Van Immerseel et al., 2006). Os ácidos, quando entram na parede bacteriana, interrompem as actividades das bactérias em resultado da sua hidrofobicidade (Huyghebaert et al., 2011). Microflora, uma vez que o ácido lático afecta as bactérias, os ácidos fórmico e propiónico afectam as leveduras e os fungos, enquanto os ácidos sórbico e fumárico afectam apenas os fungos (Kum et al., 2010). O ácido orgânico diminui o número de Coliformes, enquanto o Clostridium não é afetado (Paul et al., 2007).

O butirato de sódio coberto com óleo de ervas é mais bem sucedido do que o não coberto, porque a fixação de Salmonella no trato digestivo e no fígado foi reduzida com a utilização dos compostos cobertos (Fernandez-Rubio et al., 2009). O butirato de sódio coberto por óleos de ervas é mais constante contra o pH ácido (Mansour Hamed e Hassan, 2013).

Um ácido gordo de cadeia curta influenciou o trato digestivo inferior, pelo que é absorvido na parte superior do TGI (Fernandez-Rubio et al., 2009). A microencapsulação (matriz lipídica protetora) de um ácido gordo de cadeia curta permite-lhe chegar a todo o trato digestivo (Van Immerseel et al., 2006). Os ácidos orgânicos numa forma encapsulada aumentam a microflora benéfica nas aves de capoeira, enquanto a prejudicial é reduzida (Liu et al., 2017). As bactérias sensíveis aos ácidos são dramaticamente afectadas pelo butirato (Kwon e Ricke, 1998). O butirato de sódio como bactericida e estimulante do desenvolvimento do epitélio intestinal apoia o avanço da indústria avícola, produzindo uma ave com boa saúde intestinal (Elnesr et al., 2019). Por outro lado, Araujo et al. concluíram que o uso de ácidos orgânicos (ácido butírico

(1%), ácido acético (7%) e ácido lático (40%), 8 kg/ton com ou sem (1 x 109 CFU/g) probiótico (Bacillus amyloliquefaciens), não apresenta impactos significativos na viabilidade económica e no desempenho dos frangos de corte (Araujo et al., 2019). Os ácidos orgânicos passam pelas paredes celulares bacterianas e levam ao acúmulo de ânions que começam a diminuir os níveis de pH, que destroem a maioria das estruturas intracelulares e processos biológicos, diminuem o ATP e ilustram como bactericida ou bacteriostático, mas as bactérias tinham resistência a ácidos não mais afetados (Patten e Waldroup, 1988).

Os fitobióticos são compostos activos naturais obtidos a partir de várias fontes de plantas, por exemplo especiarias e plantas (extractos de plantas), sendo também designados por botânicos ou fitogénicos (Grashorn, 2010; Tiwari et al., 2018; Windisch et al., 2008). Com base em protocolos desenvolvidos noutros locais da EFSA para a avaliação de extractos/componentes botânicos utilizados como alimentos/suplementos alimentares, o Painel FEEDAP pôde propor a abordagem aos botânicos que acabou por ser incorporada no Regulamento (CE) n.º 429/2008 da Comissão. De um modo geral, existe pouca informação sobre os possíveis efeitos negativos da adição de fitoquímicos aos alimentos para animais na saúde animal e humana. Os fitobióticos são classificados de acordo com as suas caraterísticas de processamento e origem em: (1) plantas que incluem plantas de floração não permanente e plantas não lenhosas, (2) especiarias que são plantas com um odor ou sabor denso que são suplementadas aos alimentos, (3) óleo essencial particularmente componente lipofílico volátil e (4) oleorresinas que são extraídas de especiarias (Gheisar et al., 2015; Huyghebaert et al., 2011; Windisch et al., 2008; Yang et al., 2009). Para a produção de produtos fitobióticos, podem ser utilizadas folhas, flores, raízes e plantas inteiras (Grashorn, 2010). Existe um enorme interesse em fitobióticos e fitoquímicos derivados de ervas devido às suas inúmeras vantagens, como a fácil disponibilidade, o baixo custo, a ausência da ameaça de resistência aos antibióticos, etc. (Dhama et al., 2015; Mahima et al., 2012; Tiwari et al., 2018; Yadav et al., 2016).

Os principais ingredientes secundários dos fitobióticos incluem: óleos essenciais, por exemplo, terpenos, carvacrol; são referidos amargos para o tomilho e a salva (carnesol); substâncias picantes, por exemplo, capsaicina, peperina; corantes, por exemplo, xantofilas (luteína, zeaxantina, B-caroteno e licopeno); compostos fenólicos, por exemplo, ácido chicórico, flavonóides (Dhama et al., 2015; Grashorn, 2010; Tiwari et al., 2018; Wald, 2003). Em grande medida, os alcalóides, os glicosídeos, os fenóis e os terpenóides são os constituintes activos dos fitobióticos (Huyghebaert et al., 2011). A estrutura química do componente ativo dos fitobióticos varia em função de vários factores, tais como: época de colheita, fontes geográficas e parte da planta utilizada (folhas, polpa, etc.) (Windisch et al., 2008). Alguns estudos comprovaram o efeito antimicrobiano, antioxidante, anti-inflamatório, imunomodulador e de promoção do crescimento dos fitobióticos (Dhama et al., 2018; Dhama et al., 2015; Mahima et al., 2012; Rahal et al., 2014; Tiwari et al., 2018; Yadav et al., 2016). Por conseguinte, sabe-se que têm uma vasta gama de actividades na nutrição das aves de capoeira, tais como a estimulação do consumo de alimentos, provavelmente devido a uma melhor palatabilidade da dieta, a digestibilidade dos nutrientes, a promoção do crescimento (melhor ganho de peso e taxa de conversão alimentar), a melhoria da microflora intestinal, o potencial antimicrobiano, os efeitos coccidiostáticos, imunoestimulantes e anti-helmínticos, a segurança e a qualidade da carne (Dhama et al., 2015; Gheisar et al., 2015; Grashorn, 2010; Yadav et al., 2016). Além disso, devido às propriedades antioxidantes dos fitobióticos, a estabilidade da alimentação animal é melhorada, bem como a qualidade dos produtos animais e o aumento do tempo de armazenamento (Gheisar et al., 2015).

Na alimentação comercial de aves de capoeira, várias sementes ou extractos de plantas são utilizados isoladamente ou em combinação como aditivos alimentares - os mais populares são: alfafa (Medicago sativa L.), o óleo de bergamota (Cannabis sativa), o cominho preto (Nigella sativa), o cravinho (Syzygium aromaticum (L.), o cominho (Cuminum cyminum L.), a malagueta (Capsicum annum), a canela (Cinnamomum zeylanicum Nees), o alho (Allium sativum L.), sementes de uva (Vitis vinifera L.), madressilva (Lonicera japonica), orégãos (Origanum vulgare), flores de cone roxo (Echinacea purpurea), abóbora (Cucurbita pepo L.), alecrim (Rosmarinus officinalis), salva (Salvia officinalis), tomilho (Thymus vulgaris), curcuma (Curcuma longa L.), hortelã selvagem (Mentha longifolia L.) e outros (Abd El-Hack et al, 2016; Alagawany et al., 2017; Alagawany et al., 2015; Dhama et al., 2015; Grashorn, 2010; Hojati et al., 2014).

A suplementação de isoflavonas de soja (10~20 mg/kg SI) melhorou o desempenho do crescimento, a função imunitária e a expressão da proteína viral 5 mRNA em frangos de carne desafiados com o vírus da doença bursal infecciosa (Azzam et al., 2019). A suplementação de uma mistura fitogénica (quillaja, anis e tomilho) na dieta a um nível de 0,075% promoveu o peso corporal e a eficiência alimentar de patos de carne e frangos de carne (Gheisar et al., 2015; Gheisar e Kim, 2018). Nesses estudos, foi demonstrado que os fitobióticos aumentaram o sabor da ração, aumentaram seu consumo em troca e também estimularam a secreção de enzimas de digestão e atividade

antimicrobiana, causando um aumento no desempenho de crescimento das aves. Noutras investigações, a adição de fitobióticos à dieta de galinhas poedeiras ou de frangos de carne levou a uma diminuição significativa do consumo de ração (Maass et al., 2005; Roth-Maier et al., 2005). A inclusão de óleos essenciais na dieta das aves inibiu a adesão de agentes patogénicos e promoveu o equilíbrio bacteriano no trato intestinal (Brenes e Roura, 2010), e aumentou a secreção da mucosa intestinal (Jamroz et al., 2006), bem como um aumento das actividades pancreáticas de amilase, maltase e tripsina (Jang et al., 2007). Verificou-se que os óleos essenciais como o timol, o carvacrol e o cinamaldeído reduzem a carga de Campylobacter no intestino das aves (Micciche et al., 2019). Lipinski et al. demonstraram que a fórmula herbal composta por Achyranthes aspera, Andrographis paniculata, Aphanamixis polystachya, Azadirachta indica, Boerhavia diffusa, Citrullus colocynthis, Eclipta alba, Fumaria indica, Ichnocarpus frutescens, Phyllanthus emblica, P. niruri, Sida cordifolia, Solanum nigrum, Tephrosia purpurea, Terminalia chebula, T. arjuna, Tinospora cordifolia, com efeitos confirmados de promoção do crescimento e de proteção do fígado, tiveram um efeito benéfico no desempenho do crescimento dos frangos de carne (peso corporal, ganho médio diário, rácio de conversão alimentar e proporção do coração em relação ao peso total da carcaça) (Lipinski et al., 2019). Os fitobióticos não só têm um impacto benéfico na eficiência da criação e no estado de saúde das aves de capoeira, como também podem aumentar o valor nutricional dos produtos avícolas. Como foi demonstrado no trabalho de Al-Yasiry et al. a suplementação de resinas da árvore Boswellia serrata na dieta de frangos Ross 308 aumentou o teor de cálcio e fósforo nos músculos (Al-Yasiry et al., 2017). O ácido boswellico, que é o principal componente desta resina devido às suas propriedades antibacterianas e imunoestimuladoras, estabiliza a microbiota intestinal.
Muitas investigações estudaram os impactos antimicrobianos dos fitobióticos (Burt, 2004; Panghal et al., 2011; Si et al., 2006). A maioria deles revelou que os componentes fenólicos, por exemplo, citronelal, geraniol, fenilpropano, limoneno, carvacrol e timol, são os antimicrobianos mais eficazes. A disposição dos grupos hidroxilo e alquilo dos fitobióticos é um fator essencial no impacto antimicrobiano (Yang et al., 2015). Por exemplo, certos terpenos (por exemplo, timol e carvacrol) têm acções antimicrobianas semelhantes; no entanto, o seu impacto contra bactérias Gram-positivas ou negativas depende da posição de assentamento dos grupos funcionais na sua estrutura molecular (Salehi et al., 2018). Um estudo comparativo em frangos de corte usando antibióticos, probióticos (Bacillus subtilis) e fitobióticos (sanguinarina e protopina) isoladamente ou em combinação mostrou que a combinação de probióticos e

fitobióticos poderia proteger as aves da enterite necrótica causada por Clostridium perfringens. Da mesma forma, os caracteres da carcaça melhoraram no grupo que recebeu a combinação de probióticos e fitobióticos (Hussein et al., 2020).

Os fitobióticos mais conhecidos são obtidos a partir de plantas da família Labiatae (orégãos, salva e tomilho). A rutura da membrana bacteriana pela adesão de óleos essenciais hidrofóbicos conduz a um desequilíbrio iónico (Burt, 2004). Além disso, foram observados efeitos antimicrobianos em vários constituintes não-fenólicos extraídos da raiz de sangue (Sanguinaria canadensis) e do limoneno (Burt, 2004; Newton et al., 2002). Em particular, o impacto dos óleos essenciais contra Clostridium perfringens e E. coli foi apresentado em frangos de carne (Jamroz et al., 2006; Mitsch et al., 2004), e o efeito de determinados fitobióticos foi confirmado contra Eimeria (Oviedo-Rondon et al., 2006). Além disso, os fitobióticos melhoraram a higiene microbiana da carcaça. Por exemplo, a influência útil na carga microbiana de bactérias vivas inteiras ou agentes patogénicos específicos na carcaça de frangos foi observada após a suplementação de óleo essencial de orégãos na dieta a um nível de 0,1% (Aksit et al., 2006). No entanto, as informações são relativamente limitadas no que diz respeito à apresentação de fitobióticos como um estábulo para promover a higiene das carcaças. Um estudo mostrou que as folhas de cravo e as folhas de noz-moscada como fitobióticos em frangos de corte foram consideradas uma alternativa segura e eficaz para o uso de antibióticos como promotores de crescimento (Sapsuha et al., 2019). Verificou-se que os fitobióticos (combinação de Zingiber officinale e Glycyrrhiza glabra, Withania somnifera, Camellia sinensis, Nigella sativa) e os ácidos orgânicos melhoram a saúde e os parâmetros sanguíneos dos frangos de carne. Assim, a combinação de ácidos orgânicos e fitobióticos pode ser utilizada como uma alternativa aos antibióticos (Gilani et al., 2018). Verificou-se que as formulações comerciais de fitobióticos Poultvita, VitaG e HerbaS em combinação com milho, trigo e farelo de soja melhoraram o desempenho de crescimento em frangos de corte (Yashoda et al., 2019). Verificou-se que o Galibiotic melhorou o desempenho do crescimento, a qualidade da carcaça, melhorou a saúde intestinal e reduziu a FCR em frangos de corte (Ripon et al., 2019). Do mesmo modo, os extractos de Echinacea pallida melhoraram os parâmetros hematológicos das aves de capoeira (Chudak et al., 2019). A mistura de alho, gengibre e folha de chaya melhorou o desempenho hematológico, bioquímico e de crescimento em frangos (Oni et al., 2018). Estudo comparativo com extrato de cogumelo ostra, extrato de alho, extrato de gengibre revelou que o extrato de gengibre na água potável melhorou o desempenho de crescimento em perus (Olaifa et al., 2019).

Outra caraterística dos fitobióticos é a propriedade antioxidante que atrai muita atenção. Foram observados efeitos antioxidantes significativos em extractos de plantas Labiatae (tomilho, orégãos e alecrim) (Brenes e Roura, 2010). Esta influência foi confirmada em patos de tipo carne alimentados com tomilho como aditivo na dieta (Gheisar et al., 2015) e em frangos de carne após a adição de absinto doce (Artemisia annua) à sua dieta (Cherian et al., 2013). Estes fitobióticos melhoraram a regulação do metabolismo lipídico, uma vez que elevaram os níveis de determinadas enzimas antioxidantes (superóxido dismutase (SOD) e glutationa peroxidase (GSH-Px) (Franz et al., 2010). Outros estudos revelaram que plantas como os coentros, o anis, a curcuma e o gengibre; especiarias como a malagueta (Capsicum frutescens), a pimenta vermelha (Capsicum annuum L.) e a pimenta preta (Piper nigrum); e antocianinas como alguns frutos e plantas ricas em flavonóides como o chá verde (Camellia sinensis) têm actividades antioxidantes (Nakatani, 2000; Wei e Shibamoto, 2007; Yatao et al., 2018). Devido ao sabor e odor acentuados destas plantas, que está relacionado com os seus constituintes activos, a sua utilização como aditivos alimentares é limitada. Outros autores argumentam que os fitobióticos como antibiótico aceleraram o desenvolvimento em frangos de corte (Abd El-Ghany e Ismail, 2014; Diaz-Sanchez et al., 2015). Nm et al. descobriram que a cúrcuma usada como suplemento alimentar natural melhorou o desempenho do crescimento de frangos de corte, a atividade antioxidante e as respostas antimicrobianas (Nm et al., 2018). No entanto, outros autores relataram que o cominho preto e o tomilho não afectaram o crescimento dos frangos de carne. Estas diferenças entre os estudos devem-se à dose e ao tipo de fitobióticos utilizados nas dietas (Al-Mufarrej, 2014; Karimi et al., 2010).

Numa experiência, foi efectuada a avaliação nutrigenómica da suplementação de alho (Allium sativum) em pó e de folhas de manjericão (Ocimum sanctum) disponíveis no mercado na ração de aves de capoeira durante um período de seis semanas em frangos de carne Ven Cobb com 280 dias de idade. O objetivo desta investigação foi avaliar o seu efeito no desempenho do crescimento e no estado imunitário dos frangos de carne. O sangue foi recolhido após 6 semanas de pós-ensaio e, através da reação em cadeia da polimerase em tempo real, foi detectada a expressão do m-RNA dos receptores do tipo toll, nomeadamente TLR 2, TLR 4 e TLR 7, nas amostras de sangue dos frangos de carne. Os parâmetros de crescimento mostraram melhorias no ganho de peso corporal, na eficiência da conversão alimentar e os parâmetros imunitários expressaram uma melhor resposta imunitária mediada por células T e apoiam a utilização de alho e pó de folhas de manjericão sagrado na dieta das aves de capoeira para aumentar o desempenho das aves e para a prevenção de doenças (Sheoran et al., 2017).

Noutro estudo, a combinação de alho com feno-grego e pimenta preta em pó também mostrou resultados promissores na melhoria das caraterísticas de crescimento, perfil lipídico e caraterísticas de produção em frangos de carne (Issa e Abo Omar, 2012; Kirubakaran et al., 2016). O alho é conhecido pelas suas propriedades antibacterianas, antivirais, antioxidantes, imunoestimulantes e a literatura propõe a sua utilização na dieta das aves como suplemento. Devido à presença de compostos como polifenóis, saponinas, frutanos, compostos organossulfurados e fruto-oligossacarídeos, o allium também mostrou efeitos redutores de lípidos e colesterol e pode ser útil na manutenção da homeostase microbiana intestinal (Kothari et al., 2019; Poojary et al., 2017; Putnik et al., 2019; Ramirez et al., 2017).

Os fitoesteróis (PS) são componentes esteróides naturais derivados de plantas, necessários para a estabilização de várias membranas plasmáticas biológicas das células vegetais, actuando como precursores de várias moléculas bioactivas como saponinas esteróides, glicoalcalóides esteróides, fitoecdisteróides e brassinosteróides (Moreau et al., 2018). Os fitoesteróis incluem geralmente o B-sitosterol, o estigmasterol, o campesterol e o brassicasterol. Investigações recentes estudaram o impacto da aplicação de PS na produção animal (Elkin e Lorenz, 2009; Hu et al., 2017; Liu et al., 2010). No entanto, o seu modo de ação e função fisiológica é difícil de decifrar devido às suas composições mistas. A Comissão Europeia solicitou à EFSA uma atualização sobre a segurança dos fitoesteróis. A revisão da EFSA observou que os ésteres de fitoesterol podem ser utilizados com segurança para proporcionar um efeito "adicional" de redução do colesterol em casos de hipercolesterolemia. Desde os anos 50, sabe-se que os PS reduzem os níveis de colesterol no sangue através da inibição da biossíntese e absorção do colesterol (Fernandez et al., 2002). Sendo de natureza lipossolúvel, os fitoesteróis reduzem a absorção de colesterol no organismo, o que leva a uma diminuição do nível de colesterol LDL e do colesterol total; por conseguinte, o consumo de fitoesteróis previne o risco de doenças cardiovasculares (Ortega et al., 2006). Recentemente, Dumolt et al. sugeriram que os PS podem ter agentes redutores de triglicéridos, embora se tenha demonstrado que os PS interferem com o colesterol e podem estar a absorver triglicéridos no intestino (Dumolt e Rideout, 2017). Para além da atividade de redução do colesterol, a PS tem efeitos diferentes, como anticancerígenos, reguladores de crescimento, anti-inflamatórios e moduladores imunitários (Xie et al., 2015).

Em 2008, devido aos impactos positivos dos fitoesteróis no crescimento e desempenho dos animais, o Ministério da Agricultura da Associação Chinesa de Ciência Avícola aprovou os PS como suplementos alimentares funcionais para suínos e aves de capoeira em fase de crescimento e terminação. Devido à indução da síntese proteica de PS e ao elevado efeito de resistência a doenças, vários estudos demonstraram que a adição de PS na dieta poderia promover a qualidade da carne e/ou aumentar a taxa de crescimento dos frangos de carne (Naji et al., 2013). Recentemente, a PS como antioxidante foi estudada exaustivamente em estudos in vitro (Vivancos e Moreno, 2005; Yoshida e Niki, 2003) e in vivo (Panda et al., 2009). Curiosamente, estas investigações afirmaram que a PS actua como um eliminador de radicais e estimula as enzimas antioxidantes (SOD e GSH-Px), reduzindo a acumulação de malondialdeído, que é um produto final da peroxidação lipídica.

O tipo mais abundante de fitosterol é o ʙ-sitosterol, que é naturalmente comum em produtos vegetais e é semelhante em estrutura química ao colesterol (Cheng et al., 2019). Estudos clínicos e in vitro afirmaram que o ʙ-sitosterol induz a redução do colesterol (Cicero et al., 2002; Hwang et al., 2008; Kim et al., 2014), anticâncer (Rajavel et al., 2018) e efeitos antiinflamatórios (Kim et al., 2014; Lampronti et al., 2017). Além disso, o ʙ-sitosterol impulsionou os sistemas enzimáticos e não enzimáticos antioxidantes dos macrófagos (Vivancos e Moreno, 2005), o éster de forbol estimulou a capacidade de eliminação de radicais livres dos macrófagos (Moreno, 2003) e reduziu os danos oxidativos nos timócitos expostos à irradiação (Li et al., 2007). Estudos in vivo em ratos mostraram que o dano oxidativo induzido por 1,2-dimetilhidrazina e estreptozotocina foi diminuído pelo ʙ-sitosterol (Baskar et al., 2012; Gupta, 2016). Além disso, o ʙ-sitosterol podia eliminar eficazmente a depleção de glutatião e reduzir as enzimas antioxidantes (GSH-Px e SOD) no intestino de ratos estimulados pela 1,2- dimetil-hidrazina (Baskar et al., 2012). Cheng et al. mostraram que o ʙ-sitosterol suplementado ao nível de 80 mg/kg na dieta de frangos de carne, melhorou o seu desempenho de crescimento e a qualidade da carne do músculo do peito devido ao aumento do estado oxidativo e da biogénese mitocondrial no músculo do peito (Cheng et al., 2019). Os fitoesteróis, incluindo o ʙ-sitosterol, melhoram a qualidade da carne, aumentando o estado antioxidante (capacidade antioxidante total, glutationa e catalase) dos frangos de carne (Naji et al., 2013).

Na literatura, há muitos exemplos que mostram o efeito positivo dos fitoesteróis no crescimento e desenvolvimento das aves de capoeira. Experiências realizadas em 256 pintos Partridge Shank machos com um dia de idade confirmaram que a suplementação de 40 mg/kg de fitoesteróis na dieta melhorou o nível antioxidante, o desempenho do crescimento e a qualidade da carne dos frangos Partridge Shank, uma vez que causou um aumento significativo no nível de atividade sérica da glutationa peroxidase (GSH-Px), GSH-Px hepática e atividade hepática da superóxido dismutase (Zhao et al., 2019). Estudos mostraram também efeitos positivos da suplementação dietética de ésteres de fitoesterol para as galinhas de frangos de corte, uma vez que apoiou o desenvolvimento muscular no embrião e o crescimento de pintos e descendentes de frangos de corte (Wang et al., 2020). Ferguson et al. utilizaram a curcumina como terapia com fitoesteróis e descobriram que a curcumina tem um efeito complementar de redução do colesterol. Além disso, não houve influências colaterais observáveis na literatura anterior (Ferguson et al., 2018). A esterolómica é uma nova área em que a lipidómica dos esteróis é estudada com base na cromatografia gasosa ou na espetrometria de massa para uma análise detalhada dos fitoesteróis (Moreau et al., 2018).

Os dois tipos essenciais de ácidos gordos polinsaturados (PUFAs) são os ácidos gordos ómega 6 (n-6) e ómega 3 (n-3), que são obtidos apenas a partir da alimentação. Por isso, foram classificados como "ácidos gordos essenciais". Os ácidos araquidónico e linolénico são ácidos gordos ómega 6. Os ácidos gordos ómega 3 incluem o ácido docosahexaenóico (DHA), o ácido eicosapentaenóico (EPA) e o ácido a-linolénico. Os ácidos gordos ómega 6 (presentes nos óleos de girassol, soja, palma e colza) e ómega 3 (presentes nos óleos vegetais e de peixe e nos frutos de casca rija) são constituintes importantes das membranas celulares (Alagawany et al., 2019b; Alagawany et al., 2015), enquanto os ácidos gordos ómega 9 estão presentes na gordura animal e no azeite e não são essenciais (Alagawany et al., 2015). A EFSA concluiu que os ácidos gordos ómega 3, 6 e 9 desempenham papéis importantes na pressão arterial, na coagulação sanguínea e na inflamação, que são factores de risco emergentes para as doenças cardiovasculares. Além disso, referiu que foi estabelecida uma relação de causa e efeito entre o consumo de EPA e DHA e a manutenção de uma função cardíaca normal. Em geral, os ácidos gordos polinsaturados desempenham papéis essenciais na melhoria do crescimento, desempenho produtivo, respostas imunitárias e propriedades antioxidantes, qualidade dos ovos e valor nutricional dos ovos, qualidade da carne, metabolismo mineral (incluindo formação óssea, crescimento e desenvolvimento), taxas de fertilidade e qualidade do sémen (Alagawany et al., 2019b; Lee et al., 2019).

Os investigadores investigaram o efeito do óleo de semente de romã e do óleo de semente de uva no valor nutritivo da carne de aves de capoeira no que diz respeito ao nível de ácido ruménico (ácido linoleico conjugado cis-9, trans-11 CLA), deposição de ácidos gordos n-3 e n-6 em tecidos selecionados de frangos. Os resultados obtidos sugeriram que o óleo de semente de romã é um importante suplemento alimentar valioso na dieta de aves com propriedades de melhoria da qualidade da carne (Bialek et al., 2018). Estudos sugeriram que o óleo de soja, rico em ácido oleico incorporado na dieta de galinhas poedeiras, ajudou na deposição de ácidos gordos polinsaturados n-3 insaturados na gema do ovo (Elkin et al., 2018). No trabalho de Michalak et al. o extrato da microalga Spirulina platensis obtido por extração de fluidos supercríticos adicionado à água de bebida das galinhas poedeiras aumentou o teor de ácido Y-linolénico (GLA, 18:3, n-6), ácido eicosadienóico (20:2, n-6), ácido eicosatrienóico (ETE, 20:3, n-3) e ácido docosapentaenóico (DPA, 22:5, n-3) nas gemas de ovos (Michalak et al, 2020). Swiatkiewicz et al. também mostraram que o óleo de algas aumentou o teor de ácido eicosapentaenóico (EPA, 20:5, n-3) e ácido docosahexaenóico (DHA, 22:6, n-3) nas gemas de galinhas ISA Brown, sem efeito negativo no desempenho dos ovos, mas os ovos cozidos tinham sabor e gosto inferiores (Swiatkiewicz et al., 2020). Kalakuntla et al. descobriram que o óleo de girassol tradicionalmente utilizado na alimentação de aves de capoeira pode ser substituído por óleo de soja rico em n-3, óleo de mostarda, óleo de linhaça ou óleo de peixe. Quando adicionado à dieta de frangos de carne na dose de 2-3%, enriqueceu a carne com ácidos gordos n-3 sem afetar o desempenho das aves e os atributos sensoriais da carne (Kalakuntla et al., 2017).

De acordo com Sioen et al., o ácido gordo ómega 3 como aditivo alimentar tem impactos favoráveis associados a acções fisiológicas (Sioen et al., 2006). Além disso, a dieta moderna contém um baixo nível de AGPI, particularmente o teor de ácidos gordos ómega 3. Por conseguinte, a proporção de ácidos gordos ómega 6:ómega 3 é elevada e deve aproximar-se do valor recomendado < 5 (Gallardo et al., 2012). Este rácio elevado é uma razão crítica na patogénese de numerosas doenças (doenças inflamatórias ou auto-imunes e cancro). A utilização de ácidos gordos ómega 3 na ração reduziu este rácio (Kalakuntla et al., 2017; Simopoulos, 2004). A adição de óleo de linhaça (Lopez-Ferrer et al., 2001), subprodutos de peixe (Lopez-Ferrer et al., 2001), óleo de canola (Gallardo et al., 2012) à dieta das aves promoveu os níveis de ácidos gordos ómega 3 na sua carne (principalmente ácido a-linolénico). Gallardo et al. (2012) descobriram também que o óleo de canola (15% de adição à dieta) aumentou também o teor de ácidos gordos ómega-9 (ácido oleico) e diminuiu o teor de ácidos gordos ómega-6 (ácido linoleico) na carne, gordura e plasma de frangos de carne e sugeriram que a composição dos ácidos gordos é melhor representada pelo tecido adiposo do que pelo tecido muscular.

No entanto, estes produtos estimulam a oxidação dos lípidos da carne, o que leva a uma diminuição do sabor (Bou et al., 2001). De acordo com Ponte et al., os frangos criados ao ar livre alimentados com plantas verdes têm um peso corporal elevado (Ponte et al., 2008). É bem sabido que o óleo de milho e o óleo de peixe são as principais fontes de ómega 6 e 3 nas aves de capoeira. O óleo de milho reduziu a resposta imunitária, mas o óleo de peixe elevou-a (Yang e Guo,

2006). Além disso, foram observados aumentos no peso do baço, nas concentrações de interferão-Y, interleucina-2 e nos títulos de anticorpos em frangos alimentados com fontes de ómega-3 (uma combinação de óleo de palma, óleo de girassol e óleo de atum).

Como resultado, as respostas imunitárias destes frangos de carne foram promovidas (Maroufyan et al., 2012). Experiências realizadas com 340 frangos de carne machos Ross-308 com um dia de idade para avaliar o efeito dos ácidos gordos polinsaturados n-3 na resposta imunitária dos frangos de carne revelaram que os ácidos gordos n-3 têm um forte impacto nas células componentes do sistema imunitário, a proliferação de linfócitos foi reforçada, a atividade das células natural killer (NK) foi desencadeada nos esplenócitos, a composição de ácidos gordos foi melhorada em todos os tecidos, principalmente no baço, timo, sangue e plasma do corpo. Os investigadores utilizaram óleo de peixe, óleo de linhaça, óleo de équio e biomassa de algas como fonte de ácidos gordos n-3 (Al-Khalaifah et al., 2020).

Em contrapartida, foi observada uma melhoria das respostas imunitárias, nomeadamente uma redução da fagocitose e da proliferação de linfócitos em frangos de carne após a adição de ómega-3 à dieta (Al-Khalifa et al., 2012). O ácido linoleico conjugado (CLA) é outro tipo de PUFA que melhora a resposta imunitária em frangos (Zhang et al., 2005). Em particular, aumenta os tecidos imunitários nas galinhas (como a bursa e o timo) e aumenta a produção de anticorpos, bem como acelera a proliferação de linfócitos T. Estas investigações propõem que esta resposta varia muito em função de vários factores: o tipo de ácido gordo essencial, as diferenças biológicas (raça, idade e sexo), a composição da dieta e a proporção de ómega 6:ómega 3 na alimentação (He et al., 2007). As fontes desses ácidos gordos podem ter um papel benéfico nas doenças relacionadas com os ossos ou as articulações, tal como relatado noutras espécies animais (Manfredi et al., 2018).

Além disso, o ómega-3 tem uma atividade bacteriana em condições in vitro (Kankaanpaa et al., 2001). Por outro lado, alguns estudos sobre o intestino das galinhas afirmam que o ALC e os ómega-3 têm um impacto limitado na microbiota intestinal geral (Chanuwat et al., 2011). Apesar de alguns estudos confirmarem que a adição de CLA ou de ómega-3 (EPA e DHA) à dieta foi capaz de aumentar a taxa de crescimento das aves (Chanuwat et al., 2011; Roy et al., 2008), outros estudos argumentam que estes apenas afectam o desempenho do crescimento (Cho et al., 2013; Zhang et al., 2005). Nesta linha, a composição da ração, as fontes e tipos de AGPI e as variações biológicas dos animais podem elucidar estes resultados discutíveis.

Os péptidos bioactivos são compostos orgânicos constituídos por aminoácidos ligados por ligações covalentes, nomeadamente amidas/ligações peptídicas (Hou et al., 2017; Sanchez e Vazquez, 2017). Os péptidos bioactivos obtidos a partir de resíduos de peixe demonstraram potencial antioxidante na carne do peito de frangos de carne. Um total de 180 frangos de carne foram mantidos em 6 grupos, 30 aves em cada um, e foram suplementados com péptidos bioactivos na concentração de 0, 50, 100, 150, 200 e 250 mg/kg de ração durante seis semanas, após as quais foram abatidos e o conteúdo fenólico total (TPC), a atividade de DPPI !- scavenging, a atividade antioxidante redutora férrica e o ensaio de oxidação lipídica foram realizados para avaliar o potencial antioxidante e os resultados sugeriram um atraso significativo na oxidação lipídica da carne do peito e uma maior estabilidade na prateleira da carne do peito de frangos de carne (Aslam et al., 2020). O péptido bioativo de soja protegeu os frangos de carne das alterações induzidas pela coccidia nos intestinos, como a melhoria da altura das vilosidades jejunais, melhorando assim o crescimento das aves de capoeira (Abdollahi et al., 2017; Osho et al., 2019). Da mesma forma, verificou-se que o péptido bioativo da farinha de sésamo também reduziu a E. coli no intestino, melhorou a microbiota intestinal, a morfologia intestinal e também a saúde geral das aves de capoeira (Salavati et al., 2020). Outros peptídeos bioativos, como o de canola, também tiveram bons resultados na melhoria da saúde das aves de capoeira (Karimzadeh et al., 2016). A suplementação de péptidos bioactivos derivados da farinha de sésamo (BPSM) (50-150 mg/kg) produziu melhores resultados no desempenho produtivo, nos órgãos internos, na população microbiana intestinal e na morfologia intestinal em frangos de carne, em comparação com mananoligossacáridos (MOS) (prebiótico) (2 g/kg) e avilamicina (antibiótico) (10 mg/kg) (Salavati et al., 2020). Para além dos péptidos bioactivos, os aminoácidos também afectam o crescimento e o desenvolvimento das aves de capoeira. A suplementação com L-carnitina e excesso de lisina-metionina melhorou o desempenho do crescimento, as caraterísticas da carcaça e os marcadores de imunidade dos frangos de carne (Ghoreyshi et al., 2019). A EFSA aprova a utilização de aminoácidos como aditivos alimentares e não há danos para o consumidor ou para o utilizador, desde que sejam utilizados nos níveis permitidos.

Os avanços na biotecnologia, nanotecnologia, imunologia, bioquímica, farmacologia, produtos farmacêuticos e biomedicina têm de ser explorados em todo o seu potencial para conceber novas formulações de alimentos para animais e sistemas de distribuição para obter utilizações e benefícios óptimos dos nutracêuticos na produção e saúde das aves de capoeira, bem como para obter alimentos funcionais e alimentos concebidos para consumo humano, a fim de os proteger de vários problemas de saúde (Aklakur et al., 2016; Alagawany et al., 2015);

Gangadoo et al., 2016; Helal et al., 2019; Kuldeep et al., 2014; McClements, 2012;

Prasad et al., 2018; Saeed et al., 2019

Efeito de diferentes plantas medicinais na qualidade dos ovos de galinhas poedeiras

Resumo:

Esta experiência foi realizada com o objetivo de descobrir os efeitos da Melissa officinalis, do Tanacetum balsamita e da Ziziphora clinopodioides Lam no desempenho e na qualidade dos ovos de galinhas poedeiras da linhagem W-36. O estudo foi efectuado com 288 galinhas em 8 grupos de tratamento e 3 repetições para cada grupo. Os grupos foram 1) Grupo de controlo, 2) 2% de Melissa officinalis, 3) 2% de Tanacetum balsamita, 4) 2% de Ziziphora, 5) 1% de Melissa e 1% de Tanacetum, 6) 1% de Melissa e 1% de Ziziphora, 7) 1% de Tanacetum e 1% de Ziziphora e 8) 0,67% de cada planta arbórea. De acordo com os resultados, há efeitos significativos destas plantas no desempenho e na qualidade dos ovos das galinhas (P<0,05). A maior percentagem de produção, o menor rácio de conversão alimentar, o maior peso e o maior índice de gema foram observados no 6º grupo. O peso mais elevado dos ovos foi registado no 5º grupo e o peso mais elevado da clara foi registado no 3º grupo. Além disso, estas plantas melhoraram o sistema imunitário e os parâmetros bioquímicos do sangue das galinhas poedeiras.

Introdução:

Os antibióticos são factores de crescimento com elevada taxa de utilização na indústria avícola, pois melhoram o crescimento e o rendimento da alimentação. Mas desde que a sociedade se preocupa com a resistência aos antibióticos e com a possibilidade de transferir alguns destes antibióticos para os seres humanos através da utilização destes pintos, há algumas proibições na utilização destes promotores de crescimento. Desde então, os cientistas estão a tentar encontrar alternativas, e uma das melhores opções são as ervas e os seus derivados. Existem muitas vantagens na utilização de plantas medicinais, tais como a facilidade de utilização, a ausência de efeitos secundários, a ausência de resíduos no corpo alvo, etc.

Há muitas evidências sobre os benefícios das ervas em galinhas e frangos. Ghasemi et al (2010) relataram que 0,2 % de tomilho e alho na dieta de galinhas poedeiras melhora o índice de gema e aumenta a taxa de linfócitos do sangue. Esecel e Kahraman descobriram que o óleo de várias plantas pode otimizar o índice de gema e o peso e espessura da casca. Mitsch e colaboradores mostraram que a utilização de ervas na dieta de galinhas poedeiras diminui a colónia bacteriana no seu intestino (2004). Cabuk et al provaram que o timol e o carvacrol podem melhorar a digestão de nutrientes em 2006.

Adinee et al descobriram que a substância mais importante da Melissa é o

Trans-carveol, e tem sido utilizada para doenças neurológicas, do estômago, do coração e do intestino. O efeito antimicrobiano do óleo de Tanacetum foi comprovado por muitas experiências, este óleo tem efeito antibacteriano em gram negativos e gram positivos, antissético, antiparasitário e inseticida (8). Vardianrizi referiu que os principais componentes do Ziziphora são o carvacrol, o mentol, o neo-mentol e a pulegona. Chitsaz et al mostraram que o Ziziphora tem efeitos anti gram negativos e anti gram positivos, especialmente em Salmonella (2007).

A maioria dos estudos sobre os efeitos destas plantas foram realizados através das suas substâncias extraídas e óleos, havendo poucos estudos realizados sobre os efeitos diretos das próprias plantas, especialmente as suas combinações. Assim, é necessário realizar este tipo de experiências, pelo que nesta experiência tentámos investigar os efeitos destas ervas arbóreas e das suas combinações no desempenho, no sistema imunitário e na qualidade dos ovos das galinhas poedeiras.

Material e método:

Esta experiência foi realizada com 288 galinhas poedeiras da estirpe high-line (W-36) em 8 grupos experimentais com 3 repetições, sendo que em cada repetição estiveram envolvidas 12 galinhas. As galinhas tinham 24 a 36 semanas de idade. Os grupos experimentais são os seguintes 1) Grupo de controlo, 2) 2% de Melissa officinalis, 3) 2% de Tanacetum balsamita, 4) 2% de Ziziphora clinopodioides Lam, 5) 1% de Melissa officinalis mais 1% de Tanacetum balsamita, 6) 1% de Melissa officinalis e 1% de Ziziphora clinopodioides, 7) 1% de Tanacetum balsamita mais 1% de Ziziphora clinopodioides, e 8) 0,67% de cada planta arbórea. A dieta basal foi baseada em milho e soja, considerando os nutrientes necessários recomendados pela NCR (1994), com nível energético de 2800 Kcal por Kg e proteína bruta de 14%, a qual foi organizada pelo software UFFDA. As plantas também foram utilizadas na forma de pó misturado à dieta basal.

A quantidade de alimento ingerido, a produção de ovos e a massa de ovos foram medidas semanalmente. Após a experiência, 4 ovos de cada repetição foram escolhidos aleatoriamente e pesados, e a sua massa foi determinada afundando-os em água e sal solúvel com diferentes concentrações.

Foi utilizado um medidor de altura de fabrico alemão (modelo CE300) para medir a altura da clara concentrada. As conchas foram limpas e depois mantidas à temperatura ambiente durante 48 horas. Depois disso, foram pesadas numa balança com uma precisão de 0,01 g. A espessura das cascas foi medida com um micrómetro com uma precisão de 0,001 mm no meio e em 3 pontos da casca do ovo e a média foi considerada como a espessura da casca. Este processo foi efectuado em cada 4 ovos e a média dos mesmos foi considerada como o resultado final para cada grupo. A resistência da casca foi determinada pelo peso em mg da casca por cada cm da sua superfície. A superfície da casca foi calculada segundo a fórmula de Coutts e Wilson (1990):

Superfície da casca = 3,9782 x (peso do ovo)0,7056

Finalmente, os dados foram recolhidos e analisados pelo software SAS e, para comparar as médias, foram submetidos ao teste de Tukey (25).

Resultados:

A influência das diferentes combinações de ervas aromáticas foi significativa no desempenho das galinhas poedeiras (P<0,05), como se pode ver no Quadro 1. Nesta matéria, a melhor percentagem de produção (62,74) e o melhor rácio de conversão alimentar (2,66) foram observados no 6º grupo e o peso mais elevado dos ovos (64,47) foi registado no 5º grupo. Por outro lado, o peso mais baixo dos ovos (61,96) foi registado no segundo grupo, e a percentagem mínima de produção de ovos (45,28) com o rácio de conversão alimentar mais elevado (3,50) foram detectados no 5º grupo. Apesar das diferenças insignificantes na ingestão de alimentos, numericamente a maior ingestão de alimentos (107,14) pertenceu ao primeiro e oitavo grupos e a menor (104,89) pertenceu ao quinto grupo.

A qualidade dos ovos foi significativamente afetada pelas ervas e pela sua mistura (P<0,05) (Quadro 2). A massa mais elevada (1,079) e o índice de gema (4) foram observados no 6º grupo. Não se registaram diferenças significativas nos outros parâmetros, apenas diferiram numericamente. A este respeito, o peso mais elevado do ovo (44,19) e a melhor unidade de casca (78,94) registaram-se no terceiro grupo, a percentagem mais elevada do índice de gema (42,35), o peso da casca (6,87), o peso da gema (19,82), a espessura da casca (0,352) e o peso de cada mg de casca???????? (88) registaram-se no sétimo grupo.

A Tabela 3 mostra que há uma influência significativa devido ao uso de ervas e suas misturas nos parâmetros bioquímicos das galinhas poedeiras (P<0,05). O nível mais baixo de colesterol (129,38 mg/dl) foi observado no terceiro grupo, mas ao contrário do efeito do Tanacetum (3º grupo), o nível mais alto de colesterol (207,28 mg/dl) foi detectado no 4º grupo (ziziphora). O efeito das plantas arbóreas em simultâneo (8º grupo) teve o maior impacto na redução do nível de triglicéridos (1176,3 mg/dl).

As plantas e as suas combinações não tiveram um efeito significativo nas células imunitárias do sangue das galinhas poedeiras (P>0,05). Entretanto, a percentagem mais baixa de heterófilos (8,5), a percentagem mais alta de linfócitos (90,5) e a taxa mais baixa de heterófilos para linfócitos (0,096) foram observadas no 8º grupo.

Discussão:

O aumento do peso dos ovos, a percentagem da produção de ovos e a melhoria da taxa de conversão alimentar nos grupos tratados com as plantas podem ter sido devidos aos seus efeitos antibacterianos e antifúngicos, especialmente o tanaceto e o ziziphora, que podem levar à diminuição da quantidade de micróbios nocivos do sistema digestivo, melhorando a sua imunidade e desempenho. É possível que isto seja o resultado da influência sinergética de substâncias eficazes no aumento da atividade antimicrobiana. A atividade antimicrobiana do óleo essencial de tanaceto foi demonstrada tanto em bactérias gram-negativas como grampositivas. O efeito antibacteriano do ziziphora foi relatado devido às suas substâncias pulegona e carvacrol, especialmente a pulegona, em bactérias gram-negativas e grampositivas, particularmente a Sallmonella typhimurium.

O aumento do índice de gema está relacionado com a estabilidade dos pigmentos amarelos na membrana da gema entre as moléculas lipídicas, os antioxidantes podem prevenir estas moléculas do stress oxidativo (16). Pode haver outro cenário também, alguns carotenóides nestas plantas como as xantofilas transferidas para a gema e aumentar a sua cor amarelada, pois este item está relacionado com os compostos da dieta como o milho e o trigo. Farkhoy, M. et al indicaram que a deposição de pigmentos de plantas na gema torna-a mais colorida (1994).

Tendo em conta que a maior parte da clara é água e que a maior parte das ervas tem um sabor amargo, pode concluir-se que isto leva a um maior consumo de água e a um aumento do peso dos ovos. Também existe outra possibilidade de os ovos ficarem mais pesados, que pode ser devido ao aumento da quantidade de proteína ovosina. As plantas medicinais podem estimular a secreção de enzimas digestivas e, ao reduzir a colónia de bactérias no trato digestivo, o sistema digestivo pode melhorar e ter um desempenho mais eficiente, aumentando a capacidade de absorção de aminoácidos e elementos minerais, o que pode provocar uma maior formação de ovosina.

Apesar das diferenças insignificantes nos outros parâmetros de qualidade do ovo, a utilização de tanacetum e ziziphora e a sua mistura melhoraram numericamente estes parâmetros. Por exemplo, a maior unidade de ovos foi observada no grupo que usou tanacetum. Os compostos flavonóides desta planta também podem melhorar a capacidade digestiva, devido aos seus efeitos antibacterianos.

O baixo nível dos parâmetros bioquímicos do sangue pode dever-se a substâncias como o carvacrol e o timol na Melissa e na ziziphora, que têm efeitos redutores sobre o colesterol e os triglicéridos do sangue. Uma vez que, ao utilizar estas plantas na dieta e ao aumentar o nível de fibras, a secreção biliar é estimulada, o corpo utiliza o colesterol e os triglicéridos do sangue para os substituir e, consequentemente, o nível sanguíneo destes parâmetros diminui. Heydari, A. e colaboradores obtiveram os mesmos resultados que nós em 2010, descobriram que o nível de colesterol e triglicéridos diminui com a utilização de tomilho, ziziphora e urtiga.

O efeito da combinação de plantas foi maior do que o seu efeito apenas no sistema imunitário, a combinação de ervas aumentou a percentagem de linfócitos e diminuiu os heterófilos e a sua proporção (rácio) em relação aos linfócitos. Os linfócitos são a maior quantidade de glóbulos brancos nas aves de capoeira, que produzem os anticorpos e a resposta imunitária mediada por células. De facto, a diminuição dos heterófilos e da sua proporção em relação aos linfócitos mostra a melhoria do sistema imunitário das aves de capoeira (22). Finalmente, pode concluir-se que a utilização da combinação destas ervas, especialmente a mistura de tanacetum e zizpaphora na dieta das galinhas poedeiras pode melhorar o desempenho, a qualidade dos ovos, os parâmetros bioquímicos do sangue e as suas células imunitárias.

CAPÍTULO 4

Comparação dos efeitos da utilização de urtiga *(Urtica dioica)* e de probióticos no
desempenho e na
composição sérica de frangos de carne

Resumo

O objetivo deste estudo foi avaliar os efeitos da urtiga e do probiótico no desempenho e na composição do soro de frangos de carne. Neste estudo que começou 1 dia depois até 42 dias. No início, 225 pintos de um dia de idade foram divididos em 15 grupos de 15 pintos cada. Cada um dos 3 grupos foi atribuído aleatoriamente a um dos 3 tratamentos. Os grupos experimentais incluíram T1, grupo de controlo, T2, dieta basal contendo 1% de probiótico (*L. acidophilus* e *L. casei)*1-28, T3, recebeu 1,5% de urtiga. Em comparação com o grupo de controlo, os outros grupos melhoraram o desempenho em todas as experiências (P<0,05). De acordo com os resultados, o colesterol total (Chol), os triglicéridos (TG), o HDL e o LDL foram medidos em amostras de sangue do dia 42. A quantidade de colesterol total e triglicerídeos (TG) no soro mostrou diferenças significativas, mas o HDL não foi significativamente diferente entre os grupos.

Palavras-chave: colesterol, frangos de carne, tomilho, probiótico, frangos de carne

Introdução

É concebível que os agentes à base de plantas possam servir como alternativas seguras aos promotores de crescimento antibióticos devido à sua adequação e preferência dos consumidores de frangos de carne, aos riscos reduzidos e aos perigos mínimos para a saúde. Após muitos anos, os efeitos secundários a longo prazo destes produtos, como a resistência microbiana e o aumento do nível de colesterol no sangue dos animais, levaram à proibição destes antibióticos comerciais[1,2]. Atualmente, os cientistas estão muito preocupados em encontrar alternativas não sintéticas aos antibióticos. O efeito positivo das plantas herbáceas nos frangos de carne tem sido relatado por muitos estudos [2,3].

A urtiga *(Urtica dioica)* é amplamente cultivada em diferentes partes do mundo e tem sido utilizada para promover a saúde. Numerosas análises da urtiga revelaram a presença de mais de cinquenta constituintes químicos diferentes. Foi extensivamente estudada e descobriu-se que contém amido, goma, albumina, açúcar e duas resinas. A histamina, a acetilcolina, a colina e a serotonina também estão presentes. Num estudo, foi isolado um anti-coagulante das folhas de urtiga. Foram também detetados dióis terpénicos, glucósidos de dióis terpénicos e alfa-tocoferol. Foram encontrados cinco novos componentes monoterpenóides, bem como 18 compostos fenólicos e oito lignanos, alguns dos quais eram previamente desconhecidos. Foi encontrada uma enzima que sintetiza a acetilcolina, a colina acetil-transferase, e parece que a urtiga é a única planta que possui esta enzima. Os compostos fenólicos da urtiga, como o carvacrol e o timol, apresentam uma atividade antimicrobiana e antifungicida considerável [4]. Em suínos, a utilização de extrato de urtiga teve efeitos positivos na qualidade da carne, melhorando a estabilidade oxidativa e a relação ácidos gordos polinsaturados/saturados [5]. Em frangos de carne, a utilização de extrato de urtiga como promotor de crescimento não pode ser uma alternativa aos antibióticos [6]. Em galinhas poedeiras, a utilização de extrato de urtiga através da proliferação de linfócitos pode estimular a resposta imunitária inata mediada por células [7]. A adição de 2% de urtiga a dietas de frangos de carne teve efeitos positivos no seu ganho de peso corporal [8].

Até à data, os probióticos são um dos principais suplementos alimentares para a indústria avícola. Devido às preocupações com o colesterol, há muitas tentativas de produzir alimentos com baixo teor de colesterol. Foi relatado que *o L.acidophilus* pode absorver colesterol de um sistema in vitro, e este fenómeno pode diminuir o nível de colesterol do meio [9-10]. Há relatos de que os probióticos podem reduzir o nível de colesterol no sangue de frangos de carne [11-12]. Panda *et al.* [13] relataram que os probióticos causam a redução do colesterol no soro e na gema e também aumentam a produção de ovos. A prescrição de probióticos é uma boa alternativa aos antibióticos por várias razões: função adequada, inexistência de resíduos na produção avícola, proteção ambiental e também proibição do uso de antibióticos na União Europeia [13-14].

O objetivo deste estudo foi investigar os efeitos da interação entre a suplementação de probióticos (*L. acidophilus* e *L. casei*) e urtiga *(Urtica dioica)* no desempenho e na química do sangue de frangos de carne em condições comerciais.

Material e método

Nesta experiência, que teve início 1 dia depois até aos 42 dias, com três tratamentos, inicialmente 225 pintos de um dia de idade foram divididos em 15 grupos de 15 pintos cada. Cada um dos 3 grupos foi atribuído aleatoriamente a um dos 3 tratamentos. Assim, as quantidades mencionadas anteriormente para a dieta basal foram formuladas de acordo com a tabela 1 Os grupos experimentais incluíram T1. Grupo de controlo, T2.dieta basal contendo 1% de probiótico (*L. acidophilus* e *L. casei)*1-28, T3.Usando 1,5% de suplementação de urtiga tanto na ração inicial como na ração de crescimento.

Parâmetros de desempenho

Durante os dias 0-42, as aves tinham acesso a água não ligada e à dieta. A dieta e a pesagem dos pintos eram efectuadas semanalmente. A ração consumida foi registada diariamente, a não consumida foi descartada e o rácio de conversão alimentar (FCR) foi calculado (ração total: ganho total). Ao final do experimento, foram feitas algumas análises via SAS[15] (Statistical Analyses Software) no nível estatístico de 5% de acordo com os dados coletados da dieta, média do FCR, peso do período de criação e rendimento de carcaça.

Medição dos índices séricos

No 42º dia do período experimental, foram colhidos 3 ml de sangue da veia braquial de uma ave de cada recinto (de quatro aves de cada tratamento). As concentrações séricas de triglicéridos totais, colesterol, colesterol de lipoproteínas de alta densidade (HDL) e rácio de lipoproteínas de baixa densidade (LDL) nas amostras de soro foram analisadas por um analisador bioquímico automático (Clima, Ral. Co, Espanha). O colesterol VLDL foi calculado a partir dos triglicéridos, dividindo o fator 5 [16].

Tabela 1. Composição dos ingredientes e análises químicas das dietas de arranque e de crescimento

Ingredientes (g/kg)	1-28	29-42
Milho	557	300
Trigo	--	330
Farinha de soja	370	300
Óleo de soja	30	40
Farinha de peixe	20	-
Pedra calcária	10	-
Concha de ostra	--	12
Fosfato dicálcico	5	15
Mistura de vitaminas e minerais[2]	5	5
dl-metionina	1	1
Cloreto de sódio	2	2
Vitamina E (mg/kg)	--	100
Zn	--	50

Composição química analisada (g/kg)

Matéria seca	892,2	893,5
Proteína bruta	222,3	200,7
Gordura	62,4	62,9
Fibra	36,1	35,6
Cinzas	61,7	57,0
Cálcio	8,22	8,15

Fósforo 5,48 5,57

Selénio (mg/kg) 0,53 0,58

EM por cálculo (MJ/kg) 12,78 12,91

[1] dieta inicial para aves de 0 a 21 dias. [2]Fornece por quilograma de dieta: vitamina A, 9.000 UI; vitamina D3, 2.000, UI; vitamina E, 18 UI; vitamina B1, 1,8 mg; vitamina B2, 6,6 mg B2,; vitamina B3, 10 mg; vitamina B5, 30 mg; vitamina B6, 3,0 mg; vitamina B9, 1 mg; vitamina B12, 1.5 mg; vitamina K3, 2 mg; vitamina H2, 0,01 mg; ácido fólico, 0,21 mg; ácido nicotínico, 0,65 mg; biotina, 0,14 mg; cloreto de colina, 500 mg; Fe, 50 mg; Mn, 100 mg; Cu, 10 mg; Zn, 85 mg; I, 1 mg; Se, 0,2 mg.

Resultados e discussão

A Tabela 2 mostra o efeito de diferentes dietas no desempenho de frangos de corte. De acordo com as comparações desta tabela, ficou provado que foi observada uma interação de três vias entre os tratamentos dietéticos para a dieta ($P<0,05$), a média da taxa de conversão alimentar (FCR) ($P<0,01$) e a média do peso ($P<0,05$) na experiência. Numa experiência, a adição de 2% de urtiga à dieta dos frangos de carne levou a um aumento do seu peso corporal, tendo sido demonstrado que a adição de 2% de urtiga à dieta dos frangos de carne teve efeitos positivos no seu ganho de peso corporal. Esta diferença entre os resultados da presente experiência e os relatados acima pode ser o resultado de diferentes causas, como a variedade de urtiga ou os frangos utilizados, a gestão da exploração e as operações utilizadas na criação de frangos de carne[8]. Estudos recentes em frangos de carne mostraram que a utilização de urtiga em mistura com outras plantas medicinais teve efeitos positivos no desempenho, nas caraterísticas da carcaça, nos parâmetros bioquímicos do sangue e na imunidade[4,8].

Os resultados deste estudo eram esperados quanto ao rácio de conversão alimentar dos probióticos no grupo de controlo. Endens *et al.* [17] referiram que os probióticos melhoram a digestão, a absorção e a disponibilidade da nutrição, com um efeito positivo na atividade intestinal e no aumento das enzimas digestivas. Jin *et* al [18] referiram que, em níveis baixos de cultura de *Lactobacillus* (0,05, 0,01%), a taxa de consumo de ração aumentou, enquanto Timmerman et al.[18] encontraram resultados inconsistentes, talvez devido ao tipo de ingredientes da dieta que podem afetar o crescimento dos probióticos ou os seus metabolitos.

Os valores médios dos constituintes do soro em frangos de carne alimentados com diferentes dietas suplementadas são apresentados na tabela 3. A concentração de colesterol total e triglicéridos no soro foi significativamente reduzida pela dieta com urtiga em comparação com o grupo de controlo. ($P <$

0.05). Estes resultados estão de acordo com o trabalho de Sandru et al.[19].

O nível de colesterol do soro diminuiu significativamente nos grupos suplementados com probióticos em comparação com o grupo de controlo (Quadro 3). Existem muitos relatórios que estão de acordo com os resultados apresentados no presente estudo. *O L. acidophilus* é capaz de desconjugar os ácidos glicólico e taurocólico em condições anaeróbicas. A desconjugação dos ácidos da vesícula biliar no intestino delgado pode afetar o controlo do colesterol sérico, uma vez que os ácidos desconjugados não são capazes de resolver e absorver os ácidos gordos como os ácidos conjugados, impedindo assim a absorção do colesterol. Além disso, os ácidos livres da vesícula biliar ligam-se a bactérias e fibras, o que pode aumentar a sua excreção[20].

Verifica-se uma diminuição significativa do nível sérico de triglicéridos entre o grupo de controlo e os grupos tratados com L. *acidophilus* e *L. casei* suplementados na dieta de frangos de carne machos em combinação com água ou isoladamente. Moharrery *et al.*[21] relataram que a taxa de digestão da gordura está ligada à taxa de ácidos da vesícula biliar na digestão do látex e, subsequentemente, à concentração de lípidos. *O L. acidophilus* e *o L. casei* na dieta ou na água provocam uma diminuição dos ácidos da vesícula biliar no látex de digestão, o que resulta numa redução da capacidade de digestão das gorduras e, por conseguinte, numa diminuição do nível de lípidos no sangue.

Quadro 2- Efeito dos diferentes tratamentos no desempenho dos pintos de carne

Experiência Tratamentos[1]	Alimentação (G)	Média de FCR	Média de Peso
T1	87.5[a]	1.83[a]	1990.2[a]
T2	80.7b	1.41b	2361.3b
T3	85.2[a]	148b	2191.5c
SE	0.98	0.04	39.7
Valor de p	0.04	0.003	0.02

a-c As médias nas colunas com diferentes sobrescritos diferem significativamente

Quadro 3: Efeito de diferentes suplementos nos constituintes séricos de frangos de carne

Experiência Tratamentos[1]	Total colestrol	HDL	LDL	Triglicéridos
T1	172.5[a]	57.23	78.12 [a]	154.71[a]
T2	131[ab]	60.12	44,22 b[a]	122.56b
T3	115c	65.65	71.12[a]	124.85b

SE	5.30	3.21	5.01	14.06
Valor de p	0.004	0.2	0.001	0.03

Comparação de diferentes métodos de prescrição de probióticos contra a infeção por Salmonella em frangos de carne de incubação

Resumo

Foi realizada uma experiência para avaliar os efeitos de vários métodos de administração de probióticos no incubatório na prevenção de *Salmonella Enteritidis* (SE) em frangos de carne. Um total de 150 pintos com um dia de idade (Ross 308) foram distribuídos por cinco grupos experimentais (30 aves por grupo), incluindo o controlo e quatro tratamentos com diferentes métodos de administração de probióticos no incubatório, incluindo injeção *in ovo*, *gavagem* oral, pulverização e aplicação *nos lábios*. Todos os frangos foram desafiados com 8 Log CFU de *Salmonella enteritidis* por *gavagem* oral um dia após a administração dos probióticos. Um dia e sete dias após o desafio (PC), foram colhidas amostras de 15 aves por grupo experimental para recuperação de SE. A administração de probióticos reduziu o número de pintos colonizados, em comparação com o grupo de controlo. O declínio não foi significativo 1 dia após o PC (P>0,05), mas após o PC no dia 7 foi significativo (P<0,05). O maior número de pintos infectados foi observado no grupo de controlo, e o menor foi observado no método do *lábio de ventilação*.

Introdução

Até à data, foram utilizados vários tipos de antibióticos na indústria avícola para a prevenção de doenças infecciosas (Mansoub 2010). Em alguns países, a utilização de antibióticos foi proibida devido a alguns problemas causados pela utilização excessiva de antibióticos, como a resistência bacteriana (Farmer e Gotto 1992).

A prescrição de probióticos é uma boa alternativa aos antibióticos. Os probióticos são suplementos microbianos que podem prevenir o corpo do hospedeiro contra infecções de várias formas: equilíbrio microbiano do intestino, síntese de vitaminas do grupo B, estimulação do sistema imunitário, competição com outros microrganismos, produção de enzimas digestivas e aumento do nível de lipoproteínas de baixa densidade (LDL) (Farmer e Gotto 1992, Coates e Fuller 1977, Fuller 1989, Rolfe 2000). Existem algumas formas de prescrição de probióticos. A forma mais comum é a adição de probióticos aos alimentos e à água potável, a pulverização e *a gavagem* oral são outras formas. Edens *et al.* (1997) relataram que a percentagem de perecimento diminuiu e o peso corporal foi optimizado pela injeção *in ovo* em galinhas infectadas com *Lactobacillus*. A aplicação de um *lábio de ventilação* impede a entrada de micróbios a partir do sistema digestivo posterior (Corrier *et al.* 1994). Corrier *et al.* (1994) utilizaram pela primeira vez o método dos lábios de ventilação e verificaram que as colónias de *Salmonella* no ceco diminuíram com este método.

A infeção por *Salmonella* é altamente considerada na indústria avícola porque esta infeção é altamente contagiosa, pode ser transmitida diretamente e pode diminuir o peso corporal e a taxa de produção, além de ser infecciosa e poder causar uma mortalidade elevada de 90% (Ashraf *et al.* 2005). Outros estudos registaram um aumento do peso corporal das aves de capoeira alimentadas com dietas suplementadas com *Lactobacillus*, tanto no período de arranque como no de crescimento (Jin *et al.* 1998 , Zulkifli *et al.* 2000, Arun *et al.* 2006).

A fim de encontrar o melhor método de prescrição de probióticos, é necessário estudar e comparar todas as formas de administração de probióticos na incubadora. Por conseguinte, o objetivo do presente estudo é a investigação dos efeitos de vários métodos de prescrição de probióticos na prevenção da infeção por *Salmonella Enteritidis* (SE) em galinhas de carne.

Material e método

Um total de 150 frangos de carne com um dia de idade (Ross 308) foram divididos em 5 grupos, cada grupo incluindo 30 pintos. Foram utilizadas protexinas comerciais como probióticos (probióticos protexina). Este produto contém 7 espécies de bactérias intestinais e 2 espécies de fungos. O primeiro grupo foi utilizado como grupo de controlo e não recebeu probióticos. O segundo grupo foi utilizado para injeção *in ovo*. Os ovos foram selecionados a partir de ovos embrionados de 18 dias. Foram injectados 100 ^*lit* de solução de probióticos a uma taxa de 7*107 UFC no espaço aéreo dos ovos embrionados por troca de álcool acético. Os pontos de injeção foram revestidos com óleo de parafina.

O terceiro grupo foi inoculado com 25 ^*lit* de solução probiótica a uma taxa de 2,8*108 UFC por aplicação *no lábio de ventilação*. No quarto grupo, foram inoculadas 7*107 UFC/100 *julit* na cultura e, no grupo 5, foi utilizado o método de pulverização. Cada frango de 1 dia recebeu $7*10^7$ UFC/ 250 *ulit de* probiótico por pulverização em caixas de pintos (90*60*40cm).

Após um dia, os frangos foram desafiados com 10^8 UFC de *Salmonella Enteritidis* (RITCC 1695) que receberam por *gavagem* oral. Um dia e 7 dias após a inoculação bacteriana, foram utilizados 15 frangos para a recolha de amostras de SE para cada um dos dias. As amostras foram obtidas a partir de 1 *gr* de ceco em 9 *ml* de meio de água peptonada. Após um dia de incubação, foram adicionados 0,1 *ml* de meio a 10 *ml* de rappaport-vassiliadis e incubados durante um dia para a diferenciação selectiva dos SE. O meio XLD foi utilizado para a cultura final. As SE foram determinadas pela cor preta das colónias e, para confirmação, foi utilizado o teste TSI.

Todos os dados do estudo apresentado foram analisados pelo software SAS (1990) através do K square e também pelo pacote SPSS (versão 18th , Tukey HSD & Bonferroni).

Resultados

Os resultados do presente estudo são apresentados nas tabelas 1 e 2. De acordo com os dados analisados, não existe uma diferença significativa entre os grupos um dia após a prescrição de probióticos, mas o maior número de pintos infectados foi detectado no grupo de controlo e o valor mais baixo foi observado quando se utilizou a aplicação de *lábios de ventilação*.

Houve uma diferença significativa entre o grupo de controlo e todos os outros grupos experimentais, 7 dias após o desafio com SE. Houve uma diferença significativa entre os resultados de 1 dia e 7 dias após o desafio em cada grupo. Foi detectada uma diferença significativa entre a injeção *in ovo* e a aplicação *no lábio ventral*.

Discussão

No controlo da infeção por Salmonella nas aves de capoeira, é necessário evitar a colonização intestinal do organismo nas galinhas. O rápido estabelecimento da microflora intestinal em pintos jovens aumenta a sua resistência à colonização por bactérias que causam intoxicação alimentar e constitui um meio possível de reduzir a infeção por Salmonella em bandos comerciais de aves de capoeira (Prukner-Radovcic e Grozdanic 2003).

O objetivo do presente estudo foi investigar os efeitos de várias formas de prescrição de probióticos na prevenção da infeção por *Salmonella Enteritidis* (SE) em galinhas de carne. Os resultados do presente estudo mostraram que o método de pulverização era uma forma fácil e económica de prescrição de probióticos. No entanto, alguns investigadores sugeriram alguns métodos a este respeito.

Mead (2000) referiu que podem ser teorizadas quatro formas de competição entre probióticos e agentes patogénicos intestinais: competição por lugares específicos no intestino, produção de baceriocina e ácidos gordos voláteis que têm efeitos negativos em alguns agentes patogénicos como *a Salmonella* e competição de nutrientes. O sistema digestivo é completamente estéril no tempo de incubação, mas a microflora pode ser colocada durante o tempo (Mead 2000).

Hassanzadeh *et al.* (2006), num estudo relacionado com a injeção *in ovo*, aplicaram uma vacina de imunocomplexos contra a doença infecciosa da bursa (IBD) *in ovo* em ovos embrionados e por via subcutânea em frangos recém-nascidos no incubatório, enquanto o outro grupo de frangos recebeu uma vacina convencional contra a IBD aos 12, 17 e 22 dias de idade. Os autores referiram que uma vacina de imunocomplexos semelhante à vacina convencional é capaz de provocar a imunidade ativa das aves e parece proteger suficientemente as galinhas da IBD. Por conseguinte, a vacina de complexo imunitário aplicada *in ovo* ou por via subcutânea é capaz de induzir anticorpos humorais e proteção contra a IBD.

Os actuais programas de vacinação não conseguiram proteger suficientemente os pintos. As falhas de vacinação deveram-se principalmente à incapacidade das vacinas intermédias para proteger as aves antes de estas se tornarem susceptíveis ao desafio com o vírus virulento do campo. No entanto, quando os pintos são vacinados numa idade precoce com uma vacina viva suave ou altamente atenuada, níveis elevados de anticorpos maternos podem interferir com o desenvolvimento de imunidade ativa (Skelees *et al.* 1979). Devido à interferência dos anticorpos maternos associada à falta de títulos uniformes de anticorpos nos progénie, são necessárias vacinações repetidas até que os anticorpos maternos diminuam (Colletti *et al.* 2001).

Os melhores resultados no estudo apresentado foram obtidos quando as galinhas receberam probióticos diretamente do tubo digestivo (administração *no lábio ventral* e *gavagem* oral). Os frangos menos infectados pertenciam ao grupo da aplicação labial; neste método, os microrganismos chegam diretamente ao tubo digestivo e não é necessário passar pelas partes superiores do sistema digestivo (papo, moela e pré-gástrico).

Higgins (2008) comparou a aplicação de vent lip com o método de água potável e relatou que a aplicação de *vent lip* foi mais eficiente, mesmo quando foi prescrita uma dose menor de probióticos do que o método de água potável.

Os microrganismos devem passar pelas partes superiores do sistema digestivo e tolerar o baixo pH e as enzimas digestivas no método de *gavagem* oral, pelo que há menos hipóteses de sobrevivência (Cox *et al.* 1990). A injeção *in ovo* não teve uma boa eficácia, embora as galinhas tenham recebido probióticos mais cedo do que os outros grupos. Neste método, a maioria das galinhas não recebe a dose completa de microrganismos.

Edens *et al.* (1997) compararam o método de *gavagem* oral com a injeção *in ovo* e referiram que a *gavagem* oral tinha mais efeito na prevenção do crescimento de *Salmonella*.

Em geral, existe uma diferença significativa quando utilizamos probióticos e comparamos os resultados com os do grupo de controlo. A aplicação de *probióticos nos lábios* é o método mais eficaz, mas não é económico para um elevado número de frangos através do método de administração atual. Devem ser efectuados mais estudos para encontrar novas técnicas de administração deste método útil.

No entanto, o método de pulverização não é tão eficaz como a aplicação *labial* e *a gavagem* oral, mas não se registaram diferenças significativas entre eles. A partir dos resultados do presente estudo, conclui-se que o método de pulverização é uma forma fácil e económica de prescrição de probióticos. Atualmente, este método pode ser mais eficaz.

CAPÍTULO 6

Efeito comparativo do ácido butírico, do probiótico e do alho no desempenho e na composição do soro de frangos de carne

Resumo

Foi realizada uma experiência para avaliar os efeitos do ácido butírico, do probiótico e do alho no desempenho e na composição do soro de frangos de carne. Neste estudo, que começa 1 dia depois e vai até aos 42 dias, há quatro tratamentos. No início, os pintos de carne com 300 dias de idade foram divididos em 20 grupos de 15 pintos cada. Cada um dos 4 grupos foi atribuído aleatoriamente a um dos 4 tratamentos. Os grupos experimentais incluíram T1, grupo de controlo, T2, dieta basal contendo 1% de probiótico (*L. acidophilus* e *L. casei*)1-28, T3, utilizando a forma de pó de glicéridos de ácido butírico (BaBy c4) contendo 0,2% por dia, T4, alimentado com dieta basal mais 1 gr/Kg de alho em pó. Em comparação com o grupo de controlo, os outros grupos melhoraram o ganho em todos os grupos experimentais ($P<0,05$). De acordo com os resultados, o colesterol total (Chol), os triglicéridos (TG), o HDL, o LDL e o VLDL foram medidos em amostras de sangue do dia 42. A quantidade de colesterol total e LDL no soro mostrou diferenças significativas, mas TG, HDL e VLDL não foram significativamente diferentes entre os grupos.

Introdução

Devido à crescente preocupação com a resistência aos antibióticos e à possibilidade de proibição dos antibióticos promotores de crescimento em muitos países, há um interesse crescente em encontrar alternativas aos antibióticos na produção avícola, uma vez que alguns efeitos negativos destes produtos, como a resistência microbiana e o aumento do nível de colesterol no sangue das aves de capoeira, levaram à proibição destes antibióticos comerciais. Atualmente, os cientistas estão muito preocupados em encontrar alternativas não sintéticas aos antibióticos[1- 3].

Os ácidos orgânicos e os seus sais são geralmente considerados seguros (GRAS) e foram aprovados. A utilização de ácidos orgânicos foi comunicada pela maioria dos Estados-Membros da UE como aditivos alimentares na produção animal. A utilização de ácidos orgânicos foi relatada pela maioria dos Estados-Membros da proteger os pintos jovens por exclusão competitiva. Os probióticos, os oligossacarídeos, os produtos vegetais e os ácidos orgânicos são identificados entre esses substitutos. De entre os diferentes ácidos orgânicos, os de cadeia curta, como os ácidos butíricos, são de grande importância devido aos seus efeitos antibióticos e positivos no sistema digestivo. Os glicéridos de ácido butírico são considerados como potenciais alternativas aos antibióticos promotores de crescimento [3-4]

Até à data, os probióticos são um dos principais suplementos alimentares para a indústria avícola. Devido às preocupações com o colesterol, há muitas tentativas de produzir alimentos com baixo teor de colesterol. Foi relatado que *o L.acidophilus* pode absorver colesterol de um sistema in vitro, e este fenómeno pode diminuir o nível de colesterol do meio [5-6] .

O alho (*Allium sativum*) é uma das plantas mais tradicionalmente utilizadas como especiaria e erva. O alho tem sido utilizado por uma variedade de razões, a maioria das quais foi aprovada cientificamente: anti-aterosclerose, anti-microbiano, hipolipidémico, anti-trombose, anti-hipertensão, anti-diabetes, etc. Existem muitos componentes activos no alho, tais como: Ajoene, S-allyl cycteine, Di allyl (di/ three) sulfide e o mais ativo Allicine [7]. A alicina reduz possivelmente o LDL, os triglicéridos e o colesterol no soro [8] e tem sido utilizada para doenças cardiovasculares [9].

O objetivo deste estudo foi investigar os efeitos da interação entre a suplementação de probióticos (*L. acidophilus* e *L. casei*), alho (*Allium sativum*) e glicéridos de ácido butírico (Baby c4) no desempenho e na química do sangue de frangos de carne em condições comerciais.

Material e método

Nesta experiência, que começa 1 dia depois e vai até aos 42 dias, existem quatro tratamentos. Inicialmente, 300 pintos de um dia de idade foram divididos em 20 grupos de 15 pintos cada. Cada um dos 4 grupos foi atribuído aleatoriamente a um dos 4 tratamentos. Assim, as quantidades mencionadas acima para a dieta basal foram formuladas de acordo com a tabela 1. . Os grupos experimentais incluíram T1. Grupo de controlo, T2.dieta basal contendo 1% de probiótico (*L. acidophilus* e *L. casei)*1-28, T3.usando forma de pó de glicéridos de ácido butírico (BaBy c4) contendo 0,2% dias, T4. alimentado com dieta basal mais 1 gr/Kg de alho em pó.

Parâmetros de desempenho

Durante os dias 0-42, a água não ligada e a dieta estavam ao acesso dos pintos. A dieta e a pesagem dos pintos eram efectuadas semanalmente. A ração consumida foi registada diariamente, a não consumida foi descartada e o rácio de conversão alimentar (FCR) foi calculado (ração total: ganho total). Ao final do experimento, algumas análises foram feitas via SAS[9] (Statistical Analyses Software) no nível estatístico de 5% de acordo com os dados coletados da dieta, melhora de peso, média do FCR, peso do período de criação e rendimento de carcaça.

Medição dos índices séricos

No 42º dia do período experimental, foram colhidos 3 ml de sangue da veia braquial de uma ave de cada recinto (de quatro aves de cada tratamento). O soro

foi isolado por centrifugação a 3,00)0) g durante 10 min. As concentrações séricas de triglicéridos totais, colesterol, triglicéridos de alta densidade
O colesterol da lipoproteína de alta densidade (HDL) e o rácio da lipoproteína de baixa densidade (LDL) em amostras de soro foram analisados por um analisador bioquímico automático (Clima, Ral. Co, Espanha). O colesterol VLDL foi calculado a partir dos triglicéridos, dividindo o fator 5 [10].

Tabela 1. Composição dos ingredientes e análises químicas das dietas de arranque e de crescimento

Ingredientes (g/kg) 1-28 29-42

Milho 557 300

Trigo -- 330

Farinha de soja 370 300

Óleo de soja 30 40

Farinha de peixe 20 -

Pedra calcária 10 -

Concha de ostra -- 12

Fosfato dicálcico 5 15

Mistura de vitaminas e minerais[2] 5 5

dl-metionina 1 1

Cloreto de sódio 2 2

Vitamina E (mg/kg) -- 100

Zn -- 50

Composição química analisada (g/kg)

Matéria seca 892,2 893,5

Proteína bruta 222,3 200,7

Gordura 62,4 62,9

Fibra 36,1 35,6

Cinzas 61,7 57,0

Cálcio 8,22 8,15

Fósforo 5,48 5,57

Selénio (mg/kg) 0,53 0,58

EM por cálculo (MJ/kg) 12,78 12,91

[1] dieta inicial para aves de 0 a 21 dias. [2]Fornece por quilograma de dieta: vitamina A, 9.000 UI; vitamina D3, 2.000, UI; vitamina E, 18 UI; vitamina B1, 1,8 mg; vitamina B2, 6,6 mg B2,; vitamina B3, 10 mg; vitamina B5, 30 mg; vitamina B6, 3,0 mg; vitamina B9, 1 mg; vitamina B12, 1.5 mg; vitamina K3, 2 mg; vitamina H2, 0,01 mg; ácido fólico, 0,21 mg; ácido nicotínico, 0,65 mg; biotina, 0,14 mg; cloreto de colina, 500 mg; Fe, 50 mg; Mn, 100 mg; Cu, 10 mg; Zn, 85 mg; I, 1 mg; Se, 0,2 mg.

Resultados e discussão

A Tabela 2 mostra o efeito de diferentes dietas no desempenho de frangos de corte. De acordo com as comparações desta tabela, ficou provado que foi observada uma interação de quatro vias entre os tratamentos dietéticos para a melhoria do peso ($P<0,05$), da dieta ($P<0,01$), da taxa de conversão alimentar (FCR) ($P<0,01$) e do peso médio ($P<0,05$) na experiência. O resultado mostrou que todos os tratamentos têm um melhor resultado final em comparação com o tratamento de controlo. Estes resultados estão de acordo com Biggs et al.(2007) e Jin et al.(1998)[11-12]. Além disso, os resultados deste estudo estão de acordo com os resultados comunicados por Endens et al. [13], segundo os quais os probióticos melhoram a digestão, a absorção e a disponibilidade da nutrição, acompanhados de um efeito positivo na atividade intestinal e do aumento das enzimas digestivas[13].

Comparando o grupo alimentado com glicéridos de ácido butírico (BaBy c4) com o grupo de controlo, observou-se uma melhoria do ganho de peso em todos os períodos experimentais (0-42 dias) e do peso corporal no final do período experimental. Além disso, o ganho de peso médio diário durante os dias 0-42 e o peso corporal vivo no dia 42 para os pintos alimentados com a forma pulverulenta de (BaBy c4) (P<0/05). O resultado desta experiência corresponde às consequências relatadas por Antongiovanni et.al [14] e Leeson et.al [15]. Os efeitos positivos dos glicéridos de ácido butírico em pó sobre o desempenho dos pintos devem-se possivelmente à melhoria da digestão e adsorção de nutrientes como as proteínas. Além disso, alguns ácidos orgânicos podem aumentar a digestão e a absorção de nutrientes, diminuindo o PH do sistema digestivo, criando flúor bacteriano adequado e aumentando também a secreção de enzimas pancreáticas. O equilíbrio eletrolítico da dieta e do intestino, o aumento da absorção de cálcio, fósforo, magnésio, zinco e o controlo dos factores patogénicos têm um efeito positivo dos ácidos orgânicos no desempenho dos frangos de carne [16]

Estes dados são contrários aos resultados do estudo de *Fadlalla et al* [17] em 2010 e do estudo de *Onibi et al* [18] em 2009; estes concluíram que não há diferença entre o grupo de controlo e os frangos de carne alimentados com alho, tanto no ganho de peso corporal como no consumo de ração, mas, por outro lado, *Shi et al* em 1999[19]*, Kumar et al* em 2005 [20] e *Afsharmanesh et al* em 2008 obtiveram os mesmos resultados que nós; relataram o efeito positivo do alho no desempenho dos frangos de carne.

Os valores médios dos constituintes séricos em frangos de carne alimentados com diferentes dietas suplementadas são apresentados no Quadro 3. O colesterol total e a concentração de LDL no soro foram significativamente reduzidos pelos tratamentos dietéticos em comparação com o grupo de controlo. (P > .05) .

A concentração sérica de colesterol total e de LDL foi significativamente reduzida pela dieta com C4 em comparação com o grupo de controlo (P<0/05). A suplementação de ácido butírico não mostrou diferenças significativas (P > 0,05) na concentração de HDL, VLDL e triglicéridos séricos entre todos os grupos de tratamento, incluindo o grupo de controlo, confirmando os resultados anteriores [21-22].

Os nossos resultados sobre o colestrol foram contrários a alguns estudos[23-25] em que alguns investigadores não encontraram qualquer efeito de diminuição do alho. Mas, por outro lado, os resultados do estudo de *Al-Kassie, Ologhobo et al* e *Afsharmanesh et al* concordam com os nossos. *Ologhobo et al* relataram uma grande diferença estatística no nível de colesterol no sangue em comparação com o grupo de controlo e *Afsharmanesh et al* relataram que o alho diminui o nível de colesterol no sangue.

O nível de colesterol do soro diminuiu significativamente nos grupos suplementados com probióticos em comparação com o grupo de controlo (Quadro 3). Existem muitos relatórios que estão de acordo com os resultados apresentados no presente estudo. *L. acidophilus* é capaz de desconjugar os ácidos glicocólico e taurocólico em condições anaeróbicas [25]. A desconjugação dos ácidos da vesícula biliar no intestino delgado pode afetar o controlo do colesterol sérico, uma vez que os ácidos desconjugados não são capazes de resolver e absorver os ácidos gordos como os ácidos conjugados, impedindo assim a absorção do colesterol. Os ácidos livres da vesícula biliar também se ligam a bactérias e fibras, o que pode aumentar a sua excreção.

Quadro 2- Efeito dos diferentes tratamentos no desempenho dos pintos de carne durante os dias 0-42

Experiência Tratamentos[1]	Pesar Melhoria	Alimentação (G)	FCR média	de Média de Peso
T1	41.7^{ab}	87.5^{ab}	1.83	1990.2^{ab}
T2	43.2^{a}	86.7^{ab}	1.92	2061.3^{a}
T3	37.9c	78.1c	1.88	1810.5^{e}
T4	42.7^{a}	89.7^{a}	1.81	2026.1^{a}
SE	0.64	.98	0.04	39.7
Valor de p	0.04	0.006	0.003	0.02

Quadro 3: Efeito da suplementação com ácido butírico nos constituintes séricos de frangos de carne

Experiência Tratamentos[1]	Colesterol total	HDL	LDL	VLDL	Triglicéridos
T1	172.5a	57.23	78.12 a	36.11	154.71
T2	131ab	60.12	34,22 ab	28.12	132.56
T3	115c	65.65	20.12c	26.12	124.85
T4	138ab	62.43	38,64 ab	29.65	135.26
SE	5.30	3.21	5.01	2.44	14.06
Valor de p	0.004	0.2	0.001	0.08	0.5

Efeito da utilização de bactérias probióticas nos teores séricos de colesterol e triglicéridos e no desempenho de frangos de carne

Resumo

Foi efectuado um estudo para determinar o efeito da suplementação da dieta com *Lactobacillus acidophilus* e *Lactobacillus casei*, isoladamente ou em combinação com água, nas concentrações de colesterol total e triglicéridos no soro sanguíneo e também no desempenho do crescimento de frangos de carne. Duzentos frangos de carne Ross 308 machos com um dia de idade foram distribuídos aleatoriamente por 5 tratamentos, com 4 réplicas, 10 aves por cada. As dietas experimentais consistem em dieta basal como controlo (T1), dieta basal com água contendo 0,5% de *L. casei* (T2), dieta basal com água contendo 0,5% *de L. acidophilus* (T3), dieta basal mais 1% de *L. casei* (T4) e dieta basal mais 1% de *L. acidophilus* (T5), foram dadas às aves durante o período de reprodução de 1 a 42 dias. O colesterol total (Chol) e os triglicéridos (TG) foram medidos em amostras de sangue do dia 40. A quantidade de Chol total e TG no soro mostrou um declínio significativo (P<0,01) em todos os grupos de dieta, exceto no controlo. O melhor desempenho foi detectado nas aves alimentadas com a dieta T3 e seguido pelo grupo da dieta T5; no entanto, todos os tratamentos apresentaram um bom desempenho em comparação com o grupo de controlo. Concluiu-se que a suplementação da dieta com *L. acidophilus* e *L. casei*, em combinação com água ou isoladamente, diminuiu significativamente as concentrações de colesterol total e triglicéridos no soro sanguíneo de frangos de carne, melhorando o rácio de conversão alimentar, o ganho de peso corporal e, finalmente, o rendimento da carcaça.

Introdução

Antibiótico significa contra a vida e probiótico significa a favor da vida [1]. Os probióticos são suplementos microbianos que podem melhorar o organismo do hospedeiro através do equilíbrio microbiano do intestino [2,3].

Até à data, os probióticos são um dos principais suplementos alimentares para a indústria avícola. Devido às preocupações com o colesterol, há muitas tentativas de produzir alimentos com baixo teor de colesterol. Foi relatado que *o L.acidophilus* pode absorver colesterol de um sistema in vitro, e este fenómeno pode diminuir o nível de colesterol do meio [4,5] . Há relatos de que os probióticos podem reduzir o nível de colesterol no sangue de frangos de corte [2,6]. Panda *et al.* (2003) relataram que os probióticos causam a redução do colesterol no soro e na gema e também aumentam a produção de ovos [7].

A prescrição de probióticos é uma boa alternativa aos antibióticos por várias razões: função adequada, inexistência de resíduos na produção de aves de capoeira, proteção ambiental e também proibição da utilização de antibióticos na União Europeia[8,9].

No presente estudo, investigámos o efeito de *L. acidophilus* e *L. casei* como probióticos no colesterol e triglicéridos séricos, nos parâmetros de carcaça e no desempenho de crescimento de frangos de carne.

Material e método

Um total de 200 frangos de carne machos com um dia de idade (Ross 308) divididos em 5 grupos com 4 réplicas (10 aves por cada). Grupos experimentais: T_1) controlo, T_2) dieta basal com água de bebida contendo 0,5% de *L. casei*, T_3) dieta basal com água de bebida contendo 0,5% de *L. acidophilus*, T_4) dieta basal contendo 1% de *L. casei*, T_5) dieta basal contendo 1% de *L. acidophilus* foram dados às aves durante um período de 42 dias de criação. As dietas dos tratamentos foram formuladas de acordo com o NRC (1994) e todas as galinhas tiveram livre acesso a dietas à base de milho e farelo de soja. O caldo MRS foi utilizado como meio de cultura para *Lactobacillus*. O *L. casei* foi incubado a 30° c e o *L. acidophilus* foi incubado a 37° c durante 48 horas.

Após 40 dias, uma galinha de cada grupo foi selecionada aleatoriamente para recolha de sangue. Os soros foram utilizados para outras experiências.

Todos os dados foram analisados pelos softwares EXCEL e SAS. Também foram utilizados os testes GLM e Tukey (P > 0,05). Os dados de consumo alimentar, ganho de peso diário e taxa de conversão alimentar foram analisados por LSD e modelos mistos no software SAS. Para as medidas pontuais, foram utilizados os modelos estatísticos abaixo:

$$y_{ij} = \mu + T_i + ij^s$$

Resultados e discussão

Não houve diferença significativa na taxa de consumo de alimentos entre os tratamentos (Tabela 1). Os resultados deste estudo estão de acordo com os resultados relatados por Jin *et al.* [10]. No estudo de três níveis diferentes de *Lactobacillus,* Jin *et* al [10] relataram que, em níveis baixos de cultura de *Lactobacillus* (0,05, 0,01%), a taxa de consumo de ração aumentou, enquanto Timmerman et al.[11] encontraram resultados inconsistentes, talvez devido ao tipo de ingrediente da dieta que podem afetar o crescimento do probiótico ou os seus metabolitos[11].

Não houve diferenças significativas entre os grupos no peso dos frangos. Watkins *et al.* [12] encontraram os mesmos resultados e referiram que as condições optimizadas em que os probióticos não podiam desempenhar a sua capacidade nestas circunstâncias[12].

Os resultados deste estudo eram esperados em relação à taxa de conversão alimentar no grupo de controlo. Endens et al. [1] relataram que os probióticos melhoraram a digestão, a absorção e a disponibilidade da nutrição, acompanhados de um efeito positivo na atividade intestinal e no aumento das enzimas digestivas[1].

Existem muitos relatórios que indicam que o peso da carcaça aumenta com o aumento da quantidade de proteínas da dieta. No presente estudo, o aumento do peso da carcaça pode ser provavelmente devido ao aumento da proteína disponível (Quadro 2) e foi demonstrado que a adição de bactérias à dieta aumenta diretamente a disponibilidade de proteínas [13].

Verifica-se um aumento da proporção de peito em relação ao peso da carcaça, provavelmente devido a alterações no metabolismo da gordura nos tecidos do peito, que podem ser afectadas pela atividade *dos lactobacilos*.

O nível de colesterol do soro diminuiu significativamente nos grupos suplementados com probióticos em comparação com o grupo de controlo (Quadro 3). Existem muitos relatórios que estão de acordo com os resultados apresentados no presente estudo. *L. acidophilus* é capaz de desconjugar os ácidos glicocólico e taurocólico em condições anaeróbicas [4]. A desconjugação dos ácidos da vesícula biliar no intestino delgado pode afetar o controlo do colesterol sérico, enquanto os ácidos desconjugados não são capazes de resolver e absorver os ácidos gordos como os ácidos conjugados. Por conseguinte, impedem a absorção do colesterol. Os ácidos livres da vesícula biliar também se ligam a bactérias e fibras, o que pode aumentar a sua excreção.

Verifica-se uma diminuição significativa do nível sérico de triglicéridos entre o grupo de controlo e os grupos tratados com L. *acidophilus* e *L. casei* suplementados na dieta de frangos de carne machos em combinação com água ou isoladamente. Moharrery *et al.* referiram que a taxa de digestão da gordura está ligada à taxa de ácidos da vesícula biliar na digestão do látex e, subsequentemente, à concentração de lípidos. *O L. acidophilus* e *o L. casei* na dieta ou na água causam uma diminuição dos ácidos da vesícula biliar no látex de digestão, o que resulta numa redução da capacidade de digestão da gordura e, por conseguinte, na diminuição do nível de lípidos no sangue [14,15].

Quadro 1: efeitos da dieta suplementada com probióticos no consumo de alimentos, no ganho de peso diário, no rácio de conversão alimentar e no peso corporal final

Grupo Ps	Consumo alimentar (g)			aumento de peso diário			rácio de conversão alimentar (g)			Peso corporal final (g)
	1-21 dias de	21-42 dias de	1-42 dias de	1-21 dias de	21-42 dias de	1-42 dias de	1 21	21 42	1 42	No final da experiência

	idade	idade	idade	idade	idade	idade	dias de idade	dias de idade	dias de idade	
T1	1001.20	2668.12	3669.14	634.54	1387.6 8b	223.96b	1.76	1.98 b	1.86 b	2061.15
T2	851.85	2691.54	3541.35	604.29	1551.17^a	2152.31 ab	1.38	1.71^a b	1.63^a b	2200.72
T3	882.61	2813.72	3700.07	638.34	1577.98^a	2216.01 a	1.31	1.75^a b	1.64^a b	2264.95
T4	851.89	2660.96	3514.87	613.08	1559.97^a	2169.56 ab	1.38	1.66^a	1.58^a	2218.65
T5	917.98	2594.78	3514.75	664.32	1550.13^a	2213.52 a	1.39	1.64^a	1.55^a	2263.70
SEM	60.87	60.87	88.58	24.70	24.70	36.23	0.037	0.037	0.038	40.97
P - valor	NS	NS	NS	NS	*	*	NS	*	*	NS

$^{a-b}$Valores na mesma linha e variáveis sem sobrescrito comum diferem significativamente.* : P<0,05,** : P<0,01, NS: não significativo.

Quadro 2: efeitos da dieta suplementada com probióticos no rendimento da carcaça e na percentagem das diferentes partes da carcaça

Grupos saída da carcaça peito /**carcaça** coxa /carcaça

T1	71.76^{ab}	31.91^{ab}	30.16^b
T2	77.54^a	33.26^{bc}	32.43^b
T3	73.08^b	32.31^c	36.22^a
T4	75.18^{ab}	36.04^a	32.35^b
T5	72.97^b	36.48^a	32.91^b
SEM	0.00065	0.00047	0.00052
Valor de p	* **		*

$^{a-b}$Os valores na mesma linha e as variáveis sem sobrescrito comum diferem significativamente.* : P<0,05,** : P<0,01, NS: não significativo

Tabela 3: efeitos da dieta suplementada com probióticos nos níveis de colesterol e triglicéridos no sangue de frangos de carne

Grupos	triglicérido	colesterol
T1	101.22^b	199.76^b
T2	57.00^a	158.75^{ab}
T3	53.04^c	181.00^{ab}
T4	52.98^c	151.23^a
T5	56.38^a	161.57^{ab}

| SEM | 9.26 | 9.058 |
| Valor de P * * ** | | |

[a-b]Os valores na mesma linha e as variáveis sem sobrescrito comum diferem significativamente.

[*]: P<0,05,[**]: P<0,01, NS: não significativo

Efeitos de diferentes planetas médicos nas caraterísticas da carcaça de frangos de carne machos

Resumo

Foram efectuados quatro ensaios de alimentação para investigar os efeitos da utilização de diferentes níveis de algumas plantas medicinais nas caraterísticas da carcaça de frangos de carne machos. Em cada uma destas experiências foram utilizados 300 frangos de carne (Ross 308) de 1 a 42 dias de idade em dois períodos de criação: inicial (1-21) e de crescimento (22-42) dias de idade, num desenho completamente aleatório em 5 tratamentos e 3 réplicas (com 20 aves em cada réplica). As quantidades de cada planta medicinal em pó foram de 0-2 por cento do controlo até 5 grupos experimentais. Os resultados mostraram que houve diferença significativa entre os tratamentos em todos os experimentos sobre as caraterísticas da carcaça (p<0,05). Com a utilização de chicória, a percentagem mais baixa de gordura abdominal (2,16%) foi observada no grupo 3, enquanto a percentagem mais alta (3,61%) foi observada no grupo 2. A percentagem mais alta e a mais baixa de coxa (27,70% e 25,37%) foram observadas nos grupos de experiências 4 e 5. Na utilização de diferentes níveis de zizaphora, o menor e o maior por cento da moela (2,54% e 3,1%) foram observados nos grupos de controlo e 5. No que diz respeito à urtiga, o maior e o menor valor por cêntimo do intestino (5,26% e 3,91%) foram observados nos grupos de controlo e de 3 experiências, enquanto o maior e o menor valor por cêntimo da moela (2,90% e 2,44%) foram observados nos grupos de 2 e de controlo, e o maior e o menor valor por cêntimo do fígado (3,85% e 2,87%) foram observados nos grupos de 5 e de 3. Os diferentes níveis de salgados não afectaram as caraterísticas da carcaça dos frangos de carne.

Considerando que diferentes níveis de chicória, zizaphora e urtiga podem efetivamente melhorar as caraterísticas da carcaça dos frangos de carne.

Palavras-chave: Frangos de carne, Traços de carcaça, Plantas medicinais

Introdução

Com o desenvolvimento e a utilização generalizada de antibióticos sintéticos e semi-sintéticos, registaram-se prós e contras ao longo dos últimos 50 anos, o que levou a investigação a voltar-se para os produtos antimicrobianos naturais como recursos indispensáveis (Ferrini et al., 2008). Vários compostos como enzimas, ácidos orgânicos, probióticos, prebióticos e fitogénicos são utilizados para melhorar o desempenho (Patterson e Barkholder, 2003). Recentemente, as plantas aromáticas e os seus óleos essenciais ou extractos associados estão a ser considerados como potenciais promotores de crescimento. Atualmente, os cientistas estão a trabalhar para melhorar a eficiência alimentar e a taxa de crescimento do gado utilizando ervas úteis (Banyapraphatsara, 2007). Descobriu-se que algumas plantas têm efeitos naturais, por exemplo, tónicos, antiparasitários, antibacterianos, estimulantes, carminativos, antifúngicos, antimicrobianos e anti-sépticos (El- Emary, 1993 e Soliman *et al.*, 1995). Como antibióticos, os extractos de plantas podem controlar e limitar o crescimento e a colonização de numerosas espécies de bactérias patogénicas e não patogénicas no intestino. Os extractos de plantas demonstram claramente propriedades antibacterianas, embora os processos mecanicistas sejam mal compreendidos (Dorman e Deans, 2000). O timol e o carvacrol presentes em plantas como o tomilho e a zizaphora perturbam a integridade da membrana, o que afecta ainda mais a homeostase do pH e o equilíbrio dos iões inorgânicos (Lambert et al., 2001). Foi referido que algumas plantas medicinais, como as sementes de cominho preto, poderiam ser consideradas como um potencial promotor antioxidante natural para as aves de capoeira (Guler et al., 2007). Em frangos de carne, a utilização de extractos aquosos de 5,10 e 15 ml/lit de algumas misturas de extractos de plantas melhorou significativamente a percentagem de preparação, o peso do peito e da perna (Javed et al., 2009). As aves alimentadas com 1% de salsa apresentaram o maior peso significativo da carcaça após a evisceração e a preparação (Mona et al., 2010). Numa experiência, a utilização de 1% de cominho aumentou a percentagem de preparação da carcaça de frangos de carne (Al-Kassi, 2010). As descobertas sobre os efeitos de algumas misturas de ervas na qualidade da carcaça mostraram que o uso delas não teve efeitos sobre a porcentagem de preparação, mas aumentou significativamente o peso da moela (Franciszek et al, 2010). Modiry et al (2010) relataram que a utilização de 1,5% de diferentes misturas de *Urtica dioica*, *Mentha pulegium* e *Thymyus vulgaris* em dietas de frangos de carne melhorou o seu desempenho e a qualidade da carcaça. A adição de frutanos de chicória na alimentação de frangos de carne diminuiu significativamente a sua almofada de gordura abdominal (Yusrizal e Chen., 2003).

Os principais componentes encontrados no *Cichorium intybus L.* são a inulina e a oligofrutose. Foi relatado que a alimentação de frangos de carne machos com um nível de 0,375% de oligofrutose melhorou a percentagem de peso da carcaça quente e a percentagem de peso do peito, enquanto a percentagem de gordura foi reduzida (Ammermal et al., 1989).

O timol e o carvacrol são óleos essenciais que se encontram nas plantas medicinais *Zizaphora tenuior L.* e *Thymus vulgaris L.* e que têm atividade antimicrobiana contra fungos (Porte e Godoy., 2008).

A Satureja hortensis L. é uma planta anual, herbácea, aromática e medicinal pertencente às Lamiaceae. É conhecida como uma planta aromática de verão, nativa do sul da Europa e naturalizada nas caraterísticas da América do Norte (Sefidkon et al., 2006). Também está amplamente distribuída em diferentes caraterísticas do Irão como uma das mais importantes das doze espécies de Satureja classificadas. O seu óleo essencial contém quantidades consideráveis de duas cetonas fenólicas, ou seja, carvacrol e timol (Ghannadi, 2002). Por ter actividades anti-inflamatórias (Hajhashemi et al., 2002), antioxidantes (Gulluce et al., 2003), antibacterianas (Gulluce et al., 2003; Sahin et al., 2003) e antifúngicas (Gulluce et al., 2003; Boyraz e Ozcan, 2006), tem sido alvo de grande atenção.

A urtiga (*Urtica dioica*) é amplamente cultivada em diferentes partes do mundo e tem sido utilizada para promover a saúde. Numerosas análises da urtiga revelaram a presença de mais de cinquenta constituintes químicos diferentes. Foi extensivamente estudada e descobriu-se que contém amido, goma, albumina, açúcar e duas resinas. Estão igualmente presentes a histamina, a acetilcolina, a colina e a serotonina. Num estudo, foi isolado um anti-coagulante das folhas de urtiga (Giilcin et al., 2004).

Materiais e métodos

Foram efectuados quatro ensaios de alimentação para investigar os efeitos da utilização de diferentes níveis de algumas plantas medicinais nas caraterísticas da carcaça de frangos de carne machos. Em cada uma destas experiências foram utilizados 300 frangos de carne (Ross 308) com idades compreendidas entre 1 e 42 dias, em dois períodos de criação: inicial (1-21 dias) e de crescimento (22-42 dias), num desenho completamente aleatório de 5 tratamentos e 3 réplicas com 20 aves em cada réplica. As quantidades de cada planta medicinal em pó foram de 0-2 por cento do controlo até 5 grupos experimentais.

As partes aéreas secas das *plantas medicinais* foram obtidas no mercado local e a sua composição foi determinada de acordo com a AOAC (1994). Após moagem fina, foram misturadas com outros ingredientes das dietas e a água foi fornecida *ad libitum*. Os tratamentos em cada uma destas experiências consistiram num grupo de controlo (1) sem suplementação de plantas medicinais, e 0,5%, %1, 1,5% e 2% nos grupos 2, 3, 4 e 5, respetivamente. As dietas foram formuladas (Tabelas 1 e 2) para atender às exigências dos frangos de corte conforme estabelecido pelo NRC (1994). O programa de iluminação durante o período experimental consistiu em um período de 23 horas de luz e 1 hora de escuridão. A temperatura ambiente foi gradualmente reduzida de 33°C para 25°C no 21° dia e depois foi mantida constante.

Parâmetros de desempenho

O peso corporal, o consumo de ração e a conversão alimentar foram determinados semanalmente com base nas aves. A mortalidade também foi registada.

Componentes da carcaça

Aos 42 dias de idade, seis aves/por tratamento foram escolhidas aleatoriamente, abatidas e foi calculada a percentagem da carcaça em relação ao peso total e a percentagem das caraterísticas da carcaça em relação ao peso da carcaça.

Análise estatística

Os dados foram submetidos a procedimentos de análise de variância apropriados para um desenho completamente aleatório, utilizando os procedimentos do Modelo Linear Geral do SAS Institute (2005). As médias foram comparadas usando o teste de intervalo múltiplo de Duncan. As declarações de significância estatística são baseadas em $P<0,05$.

Resultados e discussão

Os efeitos da chicória nas caraterísticas da carcaça dos frangos de carne machos são apresentados no Quadro 3. De acordo com o teste de Dancan, foi registada uma diferença significativa entre os grupos no que diz respeito à gordura abdominal e à coxa por cêntimo ($P<0,05$). A percentagem mais baixa de gordura abdominal e a percentagem mais elevada de coxa foram observadas com a utilização de 1% e 1,5% de chicória. A utilização de diferentes níveis de chicória melhorou numericamente o intestino delgado, a moela e o fígado por cêntimo. A percentagem mais baixa de gordura abdominal no grupo 3 e a percentagem mais alta de coxa no grupo 4 com a utilização de 1 e 1,5 cêntimos de chicória podem estar relacionadas com as percentagens relativamente mais baixas de carcaça e de peito de frangos de carne machos nestes grupos. A percentagem mais elevada de gordura abdominal foi obtida com a utilização de 0,5% de chicória no grupo 2. A chicória possivelmente promove a deposição de gordura juntamente com o ganho de peso vivo ou uma vez que o aumento do ganho de peso vivo é possivelmente devido ao aumento da deposição de gordura. O aumento da gordura abdominal em frangos de carne alimentados com folhas de tomilho foi relatado anteriormente (Ocak et al., 2008). Pelo contrário, Yusrizal e chen (2003) observaram que a inclusão de frutanos de chicória na alimentação dos frangos de carne tinha diminuído significativamente o tamanho da almofada de gordura abdominal.

Os efeitos de diferentes níveis de zizaphora nas rações sobre as caraterísticas da carcaça de frangos de carne machos são apresentados no Quadro 4. Apenas a percentagem de moela foi significativamente afetada pela utilização de diferentes níveis de zizaphora ($P<0,05$). A percentagem mais elevada de moela foi observada com a utilização de 2% de zizaphora, enquanto a percentagem mais baixa foi observada no grupo de controlo. A utilização de diferentes níveis de zizaphora melhorou numericamente o tamanho da almofada de gordura abdominal. O carvacrol é um óleo essencial que se encontra na *Zizaphora tenuior L.* e tem atividade antimicrobiana contra fungos (Porte e Godoy., 2008). Ao contrário dos resultados deste estudo, foi referido que os aditivos de carvacrol aumentaram o peso da gordura abdominal em comparação com os grupos de controlo e de mentol (Erener et al., 2005). O aumento significativo do tamanho da moela no grupo 5 pode estar associado a um aumento da quantidade de fibra alimentar através da utilização de 2% de zizaphora neste grupo. Os efeitos de diferentes níveis de urtiga nas rações sobre as caraterísticas da carcaça de frangos de carne machos estão resumidos na Tabela 5. A utilização de diferentes níveis de urtiga teve efeitos significativos nas caraterísticas da carcaça de frangos de carne machos (P>0,05). As percentagens mais elevadas de moela e fígado foram observadas com a utilização de 0,5% e 2% de urtiga, enquanto as percentagens mais baixas de intestino delgado, moela e fígado foram observadas nos grupos 3 e de controlo. A diminuição da percentagem do intestino delgado pode ser atribuída aos efeitos estimulantes e promotores dos componentes da urtiga. Semelhante a esta descoberta, Alcicek et al (2004) expressaram que as misturas de óleos essenciais de ervas diminuíram o peso do intestino. Enquanto Cabuk et al. (2006) afirmaram que as misturas de óleos essenciais de plantas não tiveram quaisquer efeitos no peso do intestino delgado dos frangos de carne. O aumento do peso da moela com a utilização de urtiga pode estar relacionado com um aumento da quantidade de fibra alimentar. Os efeitos de diferentes níveis de salgados nas rações sobre as caraterísticas da carcaça de frangos de carne machos estão resumidos na Tabela 6. A utilização de diferentes níveis de salgados não teve efeitos significativos nas caraterísticas da carcaça de frangos de carne machos (P<0,05). Pode concluir-se que as plantas medicinais contêm substâncias que têm efeitos positivos nas caraterísticas da carcaça de frangos de carne machos.

CAPÍTULO 9

Plantas Medicinais e Doenças Parasitárias

Desde a antiguidade, as plantas medicinais têm sido utilizadas para a cura ou melhoria de infecções ou perturbações, tanto em seres humanos como em animais. As plantas medicinais têm sido utilizadas como medicamentos em animais como antimicrobianos, anti-inflamatórios, antiparasitários, anti-sépticos e antidiarreicos. Atualmente, a utilização de plantas medicinais para a produção animal e a saúde humana está a crescer globalmente devido à grande preocupação com a possível resistência cruzada aos antibióticos por parte de vários micróbios, como resposta à utilização subterapêutica casual em animais. Vários estudos provaram que a utilização de fitobióticos na alimentação dos animais melhora o crescimento, a integridade intestinal, a ação antioxidante, a absorção de nutrientes e a imunidade, para além de reduzir a síndrome diarreica. A insignificância destes produtos naturais tem sido considerada como uma alternativa eficaz à utilização de antibióticos na alimentação dos animais, de modo a reduzir os efeitos residuais nos produtos de origem animal, como o leite, a carne e os ovos.

As plantas medicinais e as ervas aromáticas potenciais no domínio da saúde estão ainda muito expostas para serem melhoradas. As especiarias e as ervas contêm compostos com funções bioactivas, tais como antioxidante, antimicrobiana, antiparasitária, antidiabética, anticancerígena e várias outras funções que são favoráveis à manutenção da saúde e não têm efeitos prejudiciais. Atualmente, os medicamentos à base de plantas são utilizados não só para os seres humanos, mas também são amplamente aplicados nas explorações avícolas. Especificamente, os agricultores de média escala e baixa utilizam plantas medicinais como medicamentos tradicionais em vez de medicamentos manufacturados, que são considerados caros. Atualmente, a produção de aves de capoeira tem uma grande procura em todo o mundo. Esta procura crescente levou à utilização de numerosos produtos sem antibióticos. Existe uma pressão crescente para reduzir o número de antibióticos utilizados como agentes bacteriostáticos ou bactericidas para as aves de capoeira, pelo que é fundamental encontrar soluções não convencionais para manter a produtividade e a eficiência das aves de capoeira. Atualmente, há também a utilização de plantas herbáceas como alternativa para a prevenção da parasitose intestinal. As plantas indígenas do Paquistão são também utilizadas como medicamentos à base de plantas para a cura de várias infecções. Os produtos naturais são considerados uma fonte significativa de novos medicamentos porque os seus derivados são extremamente valiosos para a modificação sintética e a otimização bioactiva. Os produtos naturais têm componentes fitoquímicos úteis que podem melhorar o crescimento biológico dos frangos de carne. Em primeiro lugar, a resistência é geralmente reconhecida como uma falha dos medicamentos na prevenção do parasitismo, enquanto a definição correta de resistência é uma alteração na sustentabilidade do medicamento. São utilizados vários métodos para medir a resistência aos medicamentos. Normalmente, ela é declarada em termos da existência de parasitas. Posteriormente, pode estimar-se que a administração do medicamento é eficaz ou pode ser reconhecida como um declínio na sensibilidade dos parasitas a um medicamento específico. A resistência é definida em termos gerais pelo Grupo Científico da Organização Mundial de Saúde (OMS) como "a capacidade de uma estirpe parasitária persistir ou proliferar apesar da administração e absorção de medicamentos oferecidos em doses iguais ou superiores às normalmente sugeridas, mas dentro dos limites de tolerância do indivíduo". Vários factores estão envolvidos no progresso da resistência. Tais factores são amplamente divididos em factores genéticos, biológicos e operacionais. A compreensão de tais factores é essencial para reconhecer o desenvolvimento generalizado da resistência. Os factores genéticos nos parasitas incluem os alelos, o número de genes, a dominância da resistência, a ocorrência preliminar de genes de resistência, a variedade genética da população, a aptidão relativa dos organismos resistentes, a oportunidade de desequilíbrio associado e a possibilidade de recombinação genética. Pode ser ditada pela política dos organismos durante o período de seleção. O impacto medicinal das plantas deve-se aos seus metabolitos secundários, sendo que o seu impacto dependerá do nível, da associação destes compostos e da sua inserção ou suplementação na alimentação animal. Por conseguinte, as ervas medicinais aplicadas numa concentração mínima e enriquecidas em metabolitos secundários, ou seja, flavonóides, taninos, alcalóides, cumarinas e triterpenóides, podem ter influenciado a resposta animal devido às suas propriedades antioxidantes, antimicrobianas, antiparasitárias, anti-inflamatórias e adstringentes. Por exemplo, as folhas de Anacardium occidentale em pó foram preparadas para intensificar o conteúdo de polifenóis, particularmente taninos obtidos a partir destas folhas que têm a concentração máxima na mistura, principalmente porque este polifenol tem uma ação favorável a nível intestinal. Estes metabolitos secundários são bem conhecidos pela sua propriedade adstringente porque podem ligar-se às proteínas lubrificantes da saliva através de ligações de hidrogénio. Assim, o aumento destes metabolitos na ração pode diminuir a passagem da digesta no trato gastrointestinal (TGI) e reduzir o consumo de ração pelo elevado estado de segurança neste período. Além disso, os taninos têm um impacto antibacteriano comprovado contra as estirpes de Escherichia coli e Staphylococcusaureus, juntamente com as bactérias patogénicas mais comuns no TGI das aves de capoeira, o que pode reduzir a população dessas bactérias e as perturbações intestinais. Enquanto um excesso de taninos pode agravar os conflitos metabólicos, conduz a um impacto anti-nutricional, ou seja, impedir a absorção de aminoácidos contendo enxofre e ferro conduz à anemia e à redução do crescimento, respetivamente. Os medicamentos à base de plantas como aditivos alimentares têm sido administrados a aves de capoeira, tais como frangos de carne, poedeiras, galinhas locais, codornizes, patos e aves de companhia. As galinhas locais, ou seja, os frangos de corte da aldeia, bem como as poedeiras, são mantidos em rebanhos e recebem diariamente a solução de ervas através da água potável para dar uma resposta positiva ao melhor progresso das aves (baixa mortalidade, doença rara); como resultado, a produção de amoníaco à volta da gaiola diminui. Os frangos de raça, as poedeiras e as aves de capoeira locais receberam a mistura de plantas medicinais como aditivo alimentar, demonstrando uma maior eficácia da alimentação e da saúde animal. Atualmente, existe uma sensibilização crescente para o potencial antiparasitário dos medicamentos à base de plantas. As plantas medicinais estão envolvidas no combate às doenças parasitárias, diminuindo o stress, aliviando o stress oxidativo, o que conduz a melhores nutrientes, melhor saúde e maior produção. Nesta revisão, procuramos avaliar se os medicamentos à base de plantas podem ser eficazes no controlo de infecções parasitárias. Através da adição de valor, a informação sobre a medicina tradicional pode ser aplicada a aplicações clínicas. Por exemplo, as folhas de Anacardium occidentale em pó foram preparadas para intensificar os teores de polifenóis, particularmente os taninos obtidos a partir destas folhas que têm a concentração máxima na mistura, principalmente porque este polifenol tem uma ação favorável a nível intestinal. Estes metabolitos secundários são bem conhecidos pela sua propriedade adstringente porque podem ligar-se às proteínas lubrificantes da saliva através de ligações de hidrogénio [17]. Assim, o aumento destes metabolitos na ração pode diminuir a passagem da digesta no trato gastrointestinal (TGI) e reduzir o consumo de ração devido ao elevado estado de segurança neste período. Além disso, os taninos têm um impacto antibacteriano comprovado contra as estirpes de Escherichia coli e Staphylococcus aureus, juntamente com as bactérias patogénicas que são mais comuns no TGI das aves de capoeira, o que pode reduzir a população dessas bactérias e as perturbações intestinais [19,20]. Enquanto um excesso de taninos pode agravar os conflitos metabólicos, conduz a um impacto anti-nutricional, ou seja, impedir a absorção de aminoácidos contendo enxofre e ferro conduz à anemia e à redução do crescimento, respetivamente [21,22]. Os medicamentos à base de plantas como aditivos

alimentares têm sido administrados a aves de capoeira, tais como frangos de carne, poedeiras, galinhas locais, codornizes, patos e aves de companhia. As galinhas locais, ou seja, os frangos de corte da aldeia, bem como as poedeiras, são mantidos em rebanhos e recebem diariamente a solução de ervas através da água de bebida para dar uma resposta positiva ao melhor progresso das aves (baixa mortalidade, doença rara); como resultado, a produção de amoníaco à volta da gaiola diminui. Os frangos de raça, as poedeiras e as aves locais têm recebido a mistura de plantas medicinais como aditivo alimentar, demonstrando a eficácia acrescida da alimentação e da saúde animal [6]. Atualmente, existe uma sensibilização crescente para o potencial antiparasitário dos medicamentos à base de plantas. As plantas medicinais estão envolvidas no combate às doenças parasitárias, diminuindo o stress, aliviando o stress oxidativo, o que conduz a melhores nutrientes, melhor saúde e maior produção (Figura 1). Nesta revisão, procuramos avaliar se os medicamentos à base de plantas podem ser eficazes no controlo de infecções parasitárias. Através da adição de valor, a informação sobre a medicina tradicional pode ser aplicada a aplicações clínicas. A utilização de ervas medicinais como remédio para impulsionar a questão de volta à natureza, juntamente com a persistente crise económica, reduziu o poder de compra da medicina moderna. Os medicamentos naturais também demonstraram não ter efeitos secundários negativos [23]. Existem 30.000 espécies de plantas nas florestas tropicais da Indonésia. As propriedades medicinais de aproximadamente 9600 espécies de plantas foram bem estabelecidas, enquanto apenas 200 espécies foram utilizadas como matérias-primas na medicina tradicional [6]. Os taninos com atividade anti-helmíntica ligam-se à cutícula das larvas, enriquecida com glicoproteínas para matar ou ligar-se a proteínas livres para reduzir a disponibilidade de nutrientes, resultando na morte das larvas por inanição. Para além de inibirem a formação de ARN/ADN, os flavonóides também suprimem a reprodução do parasita. Como resultado das saponinas, a membrana celular do agente parasitário é rompida, causando a sua vacuolização e fragmentação. Nos parasitas, os alcalóides inibem o metabolismo dos aminoácidos ou interferem com a síntese de ADN [24].
2. Efeito contra as Doenças Protozoárias das Aves de Capoeira Os protozoários e helmintos causam a maioria das infecções parasitárias e provocam uma elevada mortalidade. A redução do uso de medicamentos fabricados quimicamente pode ser atribuída à pobreza, à inacessibilidade e à deterioração das infra-estruturas. O uso de medicina alternativa, como resultado, tem sido motivo de preocupação [24]. Várias doenças podem ser curadas com medicamentos tradicionais que utilizam plantas, ervas ou ingredientes minerais [25]. O declínio das doenças tropicais negligenciadas nas regiões tem sido

largamente atribuído às medicinas tradicionais [24]. A eficácia dos medicamentos tradicionais na prevenção de algumas doenças pode diferir devido ao facto de o material vegetal adquirido ou as ervas serem provenientes de diversas áreas geográficas com condições climáticas variáveis, variando assim as suas propriedades terapêuticas; a biodiversidade e as práticas culturais têm um enorme impacto nas plantas e ervas medicinais que são utilizadas para a cura de infecções parasitárias específicas [25]. Durante vários anos, os agentes antiparasitários têm sido utilizados para tratar infecções parasitárias externas e internas. Como resultado da construção de resistência contra produtos industriais, os parasitas gastrointestinais e ectoparasitas têm procurado estratégias de controlo alternativas; as plantas anticoccidianas, anti-helmínticas e acaricidas utilizadas em práticas etnoveterinárias são cada vez mais populares em todo o lado. A adequação das plantas medicinais como alternativa depende principalmente da sua confirmação científica [26]. Para além dos seus efeitos anticoccidianos diretos, numerosas plantas e componentes bioactivos obtidos a partir destas plantas apresentam propriedades imunomoduladoras, antioxidantes e promotoras do crescimento, aumentando o seu potencial como remédios alternativos aos anticoccidianos comerciais para as aves de capoeira (quadro 1) [26]. Historicamente, o reino vegetal tem fornecido medicamentos eficazes desde a antiguidade. Os medicamentos à base de plantas parecem ser utilizados por uma grande percentagem da população mundial para satisfazer necessidades de cuidados de saúde, tanto para si próprios como para os seus animais. Nos animais, estes medicamentos são utilizados para tratar uma grande variedade de infecções. Além disso, a maioria das preparações modernas são naturais ou semi-sintéticas ou equivalentes sintéticos de produtos naturais [27]. Contra a tricomoníase (Canker, Frounce) dos pombos, foram avaliados fármacos antiprotozoários à base de plantas, e o Thankuni (Centellaasiatica) apresentou a maior eficácia em condições in vitro e in vivo. Recentemente, os produtos vegetais estão disponíveis comercialmente e podem ser utilizados como aditivos alimentares anticoccidianos em aves de capoeira com o Cocci-Guard (DPI Global, EUA), uma mistura de Terminaliachebula, Quercusinfectoria, RhusChinese, e a preparação BP inclui Bidens pilosa e outras plantas herbáceas. Além disso, a exploração de componentes ou dos seus subprodutos que existem em plantas herbáceas anticoccidianas pode motivar a investigação e o melhoramento de produtos químicos anticoccidianos.

Por exemplo, a halofuginona é derivada sinteticamente da febrifugina, que foi reconhecida principalmente a partir da Dichora febrifuga (planta antimalárica Chang shan) [28,29]. Devido a preocupações com a resistência e a sustentabilidade, os produtos químicos sintéticos e os medicamentos antiparasitários, que eram populares em resultado da industrialização e de uma cultura de "solução rápida", perderam grande parte do seu valor. Cientistas de todo o mundo estão a concentrar-se em extractos naturais de plantas para uma estimativa sistemática e científica devido a um ressurgimento da preocupação com a etnobotânica. A análise fitoquímica das plantas medicinais indica os seus componentes bioactivos que são utilizados na medicina tradicional [30]. As preparações vegetais contêm normalmente extractos de uma variedade de partes da planta, tais como frutos, sementes, folhas, casca, caules e raízes. Entre os componentes bioactivos da planta encontram-se alcalóides, taninos, terpenóides, saponinas e flavonóides. A coccidiose aviária, especificamente, é responsável por perdas económicas maciças na indústria avícola. Os coccidiostáticos comerciais eram uma boa prática até que alguns produtos animais desenvolveram resistência a eles e os seus resíduos eram prejudiciais. Consequentemente, a exploração de alternativas sustentáveis resultou na avaliação de botânicos para efeitos probióticos, anticoccidianos e imunomoduladores a nível universal. A aplicação de sementes de linhaça inteiras ou de óleo nas rações iniciais a partir do primeiro dia de idade mostrou uma diminuição das lesões associadas à infeção por Eimeria tenella. Algumas plantas indianas demonstraram actividades antiprotozoárias, tais como Holorrhenaantidysentrica (Kurchi) e Allium spp. bem como Berberis spp. e estão incluídas em preparações anticoccidianas próprias. Foi exigida a eficácia de alguns deles, como o AV/CPP/12 e o IHP-250 (Zycox), de acordo com o protocolo normalizado em ensaios em pavilhões para aves de capoeira [31-34]. Uma preparação herbácea anticoccidiana contendo sementes de Eimeriaribesse e H.antidysentrica com ou sem sodabicarbe (para melhorar o conteúdo do intestino) foi testada em frangos de carne infectados experimentalmente [35]. Através de um estudo in vitro, foi demonstrado que a alicina (um componente do alho fresco) restringe eficazmente a esporulação de E. tenella [36-40]. Foi demonstrado que o extrato de Camellia sinensis (chá verde) previne predominantemente a esporulação de coccidialoocistos. Consequentemente, no chá verde, o selénio e os componentes polifenólicos são supostamente componentes activos para desativar as enzimas responsáveis pela esporulação de coccidios [39,40]. Foi relatado que as folhas de Caricapapaya (papaia) marcaram a liobstrução de coccidialoocistos [41,42]. Noutro estudo, também se afirmou que Malvaviscus arboreus (Turkscap), Morinda citrifolia (amora da praia, fruta de queijo), e Mesembryanthemum cordifolia (rosa da rocha, aptenia vermelha) exibiram efeitos anticoccidianos em aves de capoeira [43]. Presumiu-se que as saponinas fossem um componente eficaz que poderia lisar os oocistos. O ácido maslínico, um ingrediente ativo no fruto e nas folhas da Olea europea (oliveira), foi reconhecido como um novo componente anticoccidiano [44]. 3. Efeitos contra as doenças helmínticas das aves de capoeira Há provas de que a helmintíase desempenha um papel significativo na redução da produção avícola rural. Onde quer que as aves vivam, seja em grandes sistemas comerciais ou em quintal rural, os parasitas causam problemas e levam a maiores perdas económicas. Um sistema de criação ao ar livre cria aves de capoeira nativas na avicultura de quintal, o que representa um risco relativamente elevado de infecções parasitárias, como os helmintos gastrointestinais [59]. Devido ao aumento da resistência aos anti-helmínticos, à acessibilidade inadequada e ao preço elevado dos anti-helmínticos comerciais, existe uma preocupação crescente com o rastreio das propriedades anti-helmínticas dos medicamentos à base de plantas tradicionalmente utilizados nas práticas etnoveterinárias [60,61]. Iniciando a procura de abordagens alternativas para controlar os helmintas utilizando novos ingredientes de plantas [62]. Geralmente conhecida como a planta da flor de funcho, a Nigella sativa (Linn.) é uma planta herbácea nativa da família Ranunculaceae [63]. Foram identificados muitos componentes químicos e componentes activos das sementes de Nigella sativa, como a timoquinona, a nigelona e os óleos essenciais [64]. Alguns estudos anteriores demonstraram a eficácia anti-helmíntica de N. sativa [65]. A utilização de medicamentos à base de plantas para o tratamento e controlo de parasitas gastrointestinais tem as suas raízes na medicina etnoveterinária. A utilização de medicamentos à base de plantas contra o parasitismo existe há muito tempo, e essas plantas medicinais ainda são utilizadas em todo o mundo para tratar parasitas [66]. Existe uma vasta gama de plantas medicinais e seus extractos que podem ser utilizados na medicina etnoveterinária, motivada por práticas tradicionais para o tratamento de quase todas as infecções parasitárias em gado e aves. Tem sido aplicado que sementes como a cebola, o alho e a hortelã são usadas para tratar animais e aves que sofrem de infecções gastrointestinais parasitárias. Para além das folhas e das flores, o óleo de Chenopodium ambrosioides também é utilizado como anti-helmíntico. Este arbusto é originário da América Central e espalhou-se por todo o mundo [67]. Existe uma lista extensa de plantas de todo o mundo que foram reconhecidas como tendo propriedades medicinais [68-70]. As plantas herbáceas com ação anti-helmíntica in vitro contra Ascaridia galli incluem Anacardium occidentale (castanha de caju), Allium sativa (alho), Tribulusterrestris (Gokhru), Bassialatifolia (árvore de manteiga, Mahua), Piperbetle (pimenta de bétele), Morindacitrifolia (amora indiana), Cassiaoccidentalis (café preto) e Aloe secundiflora (Aloe vera). No entanto, os estudos in vivo contra Ascaridia galli incluem a utilização de Psoreliacorylifolia (babchi), Piperbetle (BetlePepper), Pilostigmathonningi (árvore de biscoito de macaco), Caesalpinia crista (Garras de esquilo), Ocimum gratissimum (manjericão-cravo) e Anacardiumoccidentale (castanha de caju) [71]. As plantas herbáceas parecem ter uma grande ação anti-helmíntica nas aves e podem substituir os medicamentos sintéticos utilizados comercialmente, e a sua utilização pode limitar a resistência aos medicamentos em populações endémicas de agentes patogénicos e os resíduos de medicamentos na carne de frango. A árvore Azadirachta indica (neem) é conhecida pelas suas propriedades medicinais e tem sido utilizada para tratar nemátodos gastrointestinais e outras infecções em várias partes do mundo [72,73]. Além disso, há provas da elevada eficiência anti-helmíntica do extrato de N. sativa contra espécies de helmintos encontradas em aves de capoeira (galinha Aseel). Também foi identificada a elevada eficácia anti-helmíntica do extrato de N. sativa contra espécies de helmintos que infectam as aves domésticas (galinha Aseel). Entre os componentes bioactivos encontrados nas sementes e óleos de N.sativa, a timoquinona foi observada como um importante fitoquímico anti-helmíntico. Além disso, a ação anti-helmíntica da N.sativam pode ser atribuída aos seus outros componentes bioactivos, que melhoram o estado nutricional e a imunidade do hospedeiro. Da mesma forma, estudos demonstraram que o consumo de taninos condensados por vermes adultos danifica a mucosa intestinal a vários níveis e causa danos aos parasitas. O uso de timoquinona em helmintos leva à destruição mental do tegu de superfície [74]. É necessária uma cura eficaz e económica das infecções helmínticas que causam perdas de produção significativas nas aves de capoeira de quintal e uma maior resistência anti-helmíntica a nível mundial [75-77]. Os efeitos sinergéticos de medicamentos anti-helmínticos avançados e seguros, bem como de medicamentos à base de plantas com amplas propriedades anti-helmínticas, são de grande importância.

4. Efeitos contra as doenças das carraças das aves de capoeira Vários insectos parasitas e espécies de acarinos infestam externamente as aves em todo o mundo [78]. Estes parasitas são conhecidos como ectoparasitas. Um ectoparasita é um organismo que vive na superfície externa do seu hospedeiro e causa danos a ele. A palavra "ectoparasita" vem da palavra grega "ektos", que significa exterior e "parasitos", que significa parasita [79]. Estes ectoparasitas incluem pulgas, carraças, ácaros, ácaros, pulgas, mosquitos, moscas varejeiras e moscas negras. Como resultado, as pessoas e as aves de capoeira sofrem graves perdas socioeconómicas e doenças, que são frequentemente causadas por agentes patogénicos como bactérias, fungos, vírus, nemátodos, rickettsias, espiroquetas e protozoários, que podem causar infecções zoonóticas altamente perigosas. As carraças são o vetor mais significativo de artrópodes causadores de doenças, mas todos os outros artrópodes hematófagos podem transmitir uma vasta gama

de infecções aos seres humanos e aos animais, incluindo aves de capoeira, como a espiroquetose. Devido ao seu período de alimentação prolongado, as carraças representam um exemplo extremo de evasão à resposta imunitária e à defesa hemostática do seu hospedeiro, tornando-se assim os melhores disseminadores de agentes patogénicos entre todos os artrópodes conhecidos. Nas carraças, as enzimas digestivas são deficientes, o que pode explicar porque é que as carraças espalham mais agentes patogénicos do que outros artrópodes hematófagos [80]. Muitos ingredientes derivados de plantas que são utilizados para a prevenção de carraças foram exaustivamente estudados. Apenas alguns óleos essenciais podem ter efeitos neurotóxicos, tais como a inibição da acetilcolinesterase (AChE), o bloqueio dos receptores de octopamina ou o fecho dos canais de cloreto através do ácido gama-aminobutírico (GABA). A etnomedicina veterinária, que é motivada por práticas tradicionais, pode ser utilizada para tratar quase todas as infecções parasitárias em gado e aves de capoeira com uma vasta gama de plantas medicinais e respectivos extractos. No entanto, o mecanismo exato pelo qual os óleos essenciais de várias plantas actuam sobre as carraças ainda não foi esclarecido, tendo sido realizados poucos estudos sobre o modo de ação destes componentes naturais. 5. Perspetiva futura O mecanismo de ação da fitoterapia não é totalmente compreendido; se for realizada uma análise para colmatar esta lacuna, poderão ser sugeridos métodos de determinação de dosagens não tóxicos e eficazes, conservação de medicamentos e adição de valor. Os progressos da genómica, da proteómica, da metabolómica, da bioinformática e da quimioinformática devem ser utilizados para detetar e melhorar os medicamentos. É necessária a cooperação entre especialistas em medicina tradicional e instituições de investigação governamentais e privadas de renome. Os produtos de plantas medicinais autóctones devem ser testados utilizando os avanços biotecnológicos como plataforma de rastreio de elevado rendimento. Além disso, permitirá outras práticas, como a conservação de extractos de ervas para aumentar o prazo de validade, a formação de comprimidos, chás de ervas e infusões, a liofilização (produtos liofilizados) ou mesmo a fortificação de alimentos com extractos de ervas. As patentes sobre informação nativa devem ser consideradas para que todos os intervenientes se sintam mais confortáveis em partilhar informação que possa levar ao desenvolvimento de protótipos de produtos à base de plantas que possam ser comercializados. Além disso, a colheita e a preservação de plantas medicinais devem ser efectuadas de forma sustentável. Para evitar o esgotamento de recursos valiosos de plantas medicinais, devem ser implementadas políticas que regulem a colheita em habitats naturais como as florestas e que facilitem o desenvolvimento de viveiros comunitários. Algumas plantas medicinais têm propriedades anti-helmínticas, pelo que devem ser analisadas utilizando modelos in vitro e in vivo. Utilizar cuidadosamente os relatórios etnoveterinários e aprovar com experiências controladas se as plantas medicinais aumentam a resistência do parasita. Monitorizar o desempenho e o comportamento dos hospedeiros parasitados. Acompanhar as respostas imunitárias locais e sistémicas e monitorizar a saúde e o desempenho do hospedeiro durante as experiências. A ação anti-helmíntica varia com o conteúdo da planta, monitorizar a atividade em diferentes ambientes. Determinar quais os componentes activos. Calcular a biodisponibilidade e estabelecer metodologias. Podem existir plantas medicinais tropicais em climas temperados, pelo que é importante rever a literatura relevante, que é menos conhecida em climas temperados porque a medicina convencional é abundante.

6. Conclusões A utilização de medicamentos à base de plantas pode ser uma boa alternativa para o tratamento de infecções parasitárias. Várias infecções parasitárias podem ser curadas e controladas com a utilização de medicamentos à base de plantas. Os fitofármacos também são fabricados a partir dela como componente primário na deteção de medicamentos. De acordo com a Organização Mundial de Saúde, mais de 80% da população depende de plantas para tratar doenças comuns. Embora a informação sobre a medicina tradicional seja diversificada, não foram tomadas medidas importantes para interpretar e promover a sua utilização para fins clínicos. No Paquistão, muitos produtos estão agora a ser registados pela Autoridade Reguladora dos Medicamentos do Paquistão (DRAP) no âmbito do registo de produtos nutracêuticos e à base de plantas, por exemplo, o Biodewromer, produzido por cientistas da Universidade de Agricultura de Faisalabad. Estes produtos utilizam plantas indígenas com caraterísticas antiparasitárias.

CAPÍTULO 10

Planta medicinal e função imunitária

As plantas medicinais têm sido utilizadas pelo homem desde tempos remotos para curar ou aliviar as suas doenças ou afecções. Também foram utilizadas nos animais com fins terapêuticos, pelas suas propriedades antidiarreicas, anti-sépticas, antimicrobianas e anti-inflamatórias. Atualmente, a aplicação de plantas medicinais na saúde humana e na produção animal está a aumentar, devido à grande preocupação existente a nível mundial pela possível resistência cruzada aos antibióticos por parte de muitos microrganismos como resposta ao uso subterapêutico indiscriminado em animais. Vários estudos demonstraram que os fitobióticos nas dietas dos animais de criação melhoram o desenvolvimento corporal, a integridade intestinal, a absorção de nutrientes, a atividade antioxidante e a imunidade, diminuindo a síndrome da diarreia; em consequência, estes produtos naturais têm sido considerados como uma alternativa eficaz aos antibióticos alimentares, principalmente para diminuir ou reduzir os efeitos residuais na carne, nos ovos e no leite. No entanto, muitos investigadores questionam estes resultados, especialmente devido às variações encontradas nos indicadores biológicos em estudos in vivo; é importante notar que os efeitos positivos dependerão da espécie animal, da categoria produtiva, das condições ambientais e das caraterísticas do material vegetal utilizado; isto significa que os melhores resultados são encontrados em aves jovens sob condições ambientais stressantes em produção intensiva e com a utilização de fitobióticos ricos em metabolitos secundários inotóxicos, com propriedades medicinais que atenuam estes factores negativos. Bons exemplos de plantas medicinais são Anacardium occidentale, Psidium guajava e Morinda citrifolia. Nesse sentido, as folhas de A. occidentale possuem propriedades adstringentes, antidiarreicas, antioxidantes e antimicrobianas, devido à presença de polifenóis (principalmente taninos) e cumarinas; seu uso em dietas de aves e suínos melhora o desempenho de crescimento e a produção e qualidade dos ovos e diminui a incidência de diarreia, respetivamente. Também a P. guajava, uma planta de grande aplicação no tratamento da síndrome diarreica em suínos (principalmente as folhas), tem propriedades hipoglicemiantes, antioxidantes e anti-inflamatórias devido à presença de flavonóides (principalmente gamapironas) e triterpenóides, e também a sua aplicação como droga medicinal na dieta de ratos mostrou um efeito antidiabético.Além disso, a M.citrifolia é rica em alcalóides em suas folhas e frutos, que podem ser recomendados principalmente para mais de 20 doenças para humanos e animais, devido às suas propriedades antioxidantes, antimicrobianas, imunes e estimulantes; especificamente, em aves, Sun deretal. demonstraram que o uso diário desta planta na dieta de galinhas poedeiras aumenta o peso do ovo e a espessura da casca. Nestas três plantas, separadamente, os seus efeitos têm sido investigados em animais de interesse zootécnico com bons resultados, principalmente como suplementos nutracêuticos.

Um dos objectivos desta experiência foi avaliar se a inclusão do pó misto de folhas de plantas medicinais em dietas de frangos de carne influenciaria o desempenho do crescimento, uma vez que a sua utilização separada demonstrou um efeito regulador no peso corporal e na ingestão de alimentos. Um estudo mostrou que a inclusão na dieta de 0,5% de pó misto de folhas com propriedades medicinais melhorou a eficiência alimentar em frangos de carne, porque o FI e a FCR diminuíram na semana 2 e no período experimental (1-21 dias), sem afetar a viabilidade (dados não mostrados) e a função digestiva normal das aves, o que sugere que este produto natural tem compostos fitoquímicos benéficos que podem melhorar o desenvolvimento biológico dos frangos de carne. Nesse sentido, Mart'inez et al. relataram que o efeito medicinal das plantas é devido aos metabólitos secundários; além disso, seus efeitos dependerão da concentração e da relação desses compostos e de sua inclusão ou suplementação nas dietas dos animais. Portanto, as ervas usadas em pequenas concentrações ricas em metabólitos secundários como taninos, cumarinas, triterpenóides, flavonóides e alcalóides podem ter influência na resposta animal devido às suas propriedades adstringentes, anti-inflamatórias, antioxidantes e antimicrobianas. O pó foi preparado para intensificar o conteúdo de polifenóis, especialmente taninos obtidos das folhas de A. occidentale, que tem a maior proporção na mistura, principalmente porque este polifenol tem atividade benéfica a nível intestinal. Neste sentido, este metabolito secundário é conhecido pela sua propriedade adstringente, pois pode ligar-se às proteínas lubrificantes da saliva através de ligações de hidrogénio; portanto, um aumento deste metabolito na dieta poderia reduzir a passagem da digesta no TGI e diminuir o consumo de ração por um maior estado de saciedade neste período. Além disso, os taninos demonstraram efeitos antibacterianos in vitro contra estirpes de Escherichia coli e Staphylococcus aureus, sendo as bactérias patogénicas mais frequentes no trato gastrointestinal (TGI) das aves, o que poderia reduzir a população destas bactérias e as perturbações do intestino. No entanto, um excesso de taninos pode provocar distúrbios metabólicos que levam a uma influência antinutricional, como a inibição da absorção de ferro e de aminoácidos contendo enxofre, causando anemia e depressão do crescimento, respetivamente. Por outro lado, a incorporação das folhas de M.citrifolia e P. guajava no pó misto rico em metabolitos secundários com efeitos antioxidantes e anti-inflamatórios poderia influenciar o melhor aproveitamento dos nutrientes com menor consumo de ração, principalmente nos primeiros momentos de vida da ave que muitas vezes estão expostas a diferentes condições de stress e presença de agentes patogénicos, que aumentam a produção de radicais livres e o processo inflamatório pós-prandial e diminuem o desempenho do crescimento. Tendo em conta os nossos resultados, podemos afirmar que os metabolitos secundários em concentração adequada têm um efeito direto no desenvolvimento das aves. Pelo contrário, vários estudos têm relatado que plantas medicinais (com ênfase nas folhas) em dietas melhoram o desempenho de crescimento das aves. Do mesmo modo, Salamietal. referiu que a utilização de ervas medicinais nas dietas de frangos de carne melhorou os valores de FCR no final do ensaio. Além disso, Buchanan et al. afirmaram que os frangos de carne alimentados com dietas com uma mistura de extractos de plantas apresentavam uma TCA mínima e aumentavam o ganho de peso e o rendimento do peito. Apesar dos componentes fitoquímicos do pó misto, a inclusão de 0,5% na dieta não alterou a digestibilidade ileal total e aparente do azoto (N) e da matéria seca (MS) em frangos de carne. O nosso estudo não indicou um efeito adverso na digestibilidade dos nutrientes porque Sav'on et al. referiram que os metabolitos secundários como factores antinutricionais afectam a digestibilidade e, por conseguinte, o desempenho do crescimento. Os resultados de Hern'andez et al. e Hassan et al. mostraram um aumento no coeficiente de digestibilidade da MS, extrato etéreo, PC e matéria orgânica com a suplementação dietética de plantas Labiatae (Salvia officinalis, Rosmarinus officinalis e Thymus vulgaris) e extractos de alcachofra em frangos de carne, respetivamente. No nosso estudo, uma razão para o efeito não positivo da inclusão de pó misto de plantas medicinais em alguns indicadores produtivos até 21 dias seria o ambiente controlado da experiência e o uso do pó bruto em vez do extrato de folhas. No entanto, são necessários mais estudos para corroborar esta hipótese. Atualmente, a comunidade científica está a discutir o principal modo de ação dos produtos naturais. Algumas investigações referem que se deve às suas propriedades anti-inflamatórias que diminuem a inflamação do intestino delgado e aumentam a absorção de nutrientes , e outros estudos demonstraram que a inclusão de ervas medicinais reduz a proliferação de bactérias patogénicas no TGI, o que aumenta a saúde intestinal e favorece uma maior digestibilidade dos nutrientes e a resposta animal. Da mesma forma, outros pesquisadores que utilizaram as mesmas plantas medicinais como experimento encontraram respostas tanto in vitro quanto in vivo. Embora tenha sido observado que T1 aumentou numericamente a AMEn, talvez seja necessária uma maior concentração deste pó misto de folhas de plantas medicinais para modificar estes indicadores em frangos de corte. O nível de anticorpos séricos é atualmente um indicador importante para conhecer o efeito de um novo produto natural na resposta imunitária em animais experimentais. Um aumento da concentração de imunoglobulinas tem sido associado a um benefício no estado imunitário, e a IgG e a IgA são as principais imunoglobulinas que protegem contra microrganismos patogénicos, principalmente a nível intestinal. Os nossos resultados mostraram que uma pequena quantidade de inclusão em pó (0,5%) exerce um efeito imunitário benéfico, através de um aumento da concentração de IgG e com uma síntese de células imunitárias adequadas, sem diminuir o desempenho do crescimento. A IgG é uma das principais barreiras de defesa durante o ataque bacteriano no trato gastrointestinal (TGI), e a proliferação precoce desta célula é essencial para melhorar a eficiência alimentar destes animais. Assim, estes animais ficam menos expostos ao ataque bacteriano e, consequentemente, a perturbações intestinais. Além disso, a IgG é o principal anticorpo ativo contra as infecções, devido ao seu elevado grau de especificidade e à sua ação bactericida, sendo também o mais abundante no soro; em comparação com a IgA e a IgM, a IgG tem uma vida mais longa e pode deslocar-se entre o soro e as superfícies do endotélio. Embora a concentração de IgA tenha sido maior em relação a T0, não houve diferença significativa (P>0,05) entre os tratamentos. No entanto, um aumento desta imunoglobulina num ambiente controlado mostra que este pó pode favorecer a imunidade em aves jovens, talvez com maior eficácia em condições de stress. De acordo com Merino-Guzm'an, a sIgA inibe a absorção descontrolada de macromoléculas ou a ligação de alergénios a células-alvo da mucosa, tem efeitos inflamatórios e bactericidas e melhora os mecanismos de defesa imunológica não específicos. Em geral, este resultado indica que a inclusão dietética do pó misto pode ajudar a uma resposta rápida do sistema imunitário. Neste sentido, Tajodini et al., utilizando pó de alcachofra (Cynara scolymus) em dietas de frangos, verificaram que este produto aumentou significativamente os níveis séricos de anticorpos, resultando numa maior atividade do sistema imunitário.

CAPÍTULO 11

Efeito do alho, do tomilho e do iogurte em comparação com antibióticos no desempenho, na imunidade e em alguns parâmetros sanguíneos de frangos de carne

Resumo:

Devido ao uso excessivo de antibióticos comerciais, o perigo de resistência bacteriana levou as autoridades a proibir muitos destes promotores de crescimento. Neste estudo, tentámos investigar o efeito do alho, do tomilho e do iogurte nos frangos de carne em comparação com os antibióticos. Um total de 300 frangos Arbor Acres foram divididos em 5 grupos com 3 repetições. O primeiro grupo, como grupo de controlo, não recebeu nada a não ser a dieta basal, o segundo grupo foi tratado com 0,5 gr/Kg de flavofosfolipol como antibiótico promotor de crescimento, o terceiro grupo foi tratado com 1 gr/Kg de alho em pó, o quarto grupo recebeu 1 gr/Kg de tomilho em pó e o quinto grupo foi alimentado com a dieta basal mais 5 gr/Kg de iogurte. Todas as outras condições foram as mesmas para todos os grupos. Após 49 dias de tratamento, foram medidos o desempenho, o sistema imunitário e alguns parâmetros sanguíneos. Verificaram-se diferenças significativas nos grupos do alho, do tomilho e dos antibióticos em relação aos grupos de controlo e do iogurte no ganho de peso corporal, no rácio de conversão alimentar do desempenho, no título de anticorpos, no rácio heterófilos/linfócitos e na albumina do sistema imunitário e nos triglicéridos dos parâmetros sanguíneos. Também o nível de colestrol foi mais baixo nos grupos do alho e do tomilho. O iogurte apenas apresentou melhorias numéricas em alguns factores. De acordo com os resultados, o alho e o tomilho podem ser utilizados como uma boa alternativa aos antibióticos comerciais.

Introdução:

A primeira utilização de antibióticos na avicultura remonta a 1946. Com a demonstração científica das vantagens dos antibióticos para o gado, a utilização destes produtos sintéticos aumentou durante muitos anos. Ao fim de muitos anos, os efeitos secundários a longo prazo destes produtos, como a resistência microbiana e o aumento do nível de colesterol no sangue dos animais, levaram à proibição destes antibióticos comerciais. Atualmente, os cientistas estão muito preocupados em encontrar alternativas não sintéticas para os antibióticos. O efeito positivo das plantas herbáceas nos frangos de carne tem sido relatado por muitos estudos. O seu potencial antibiótico, os efeitos hipocolesterolémicos, a promoção do crescimento e a disponibilidade são os aspectos mais benéficos das ervas, que chamaram a atenção dos cientistas.

O alho (Allium sativum) é uma das plantas mais tradicionalmente utilizadas como especiaria e erva. O alho tem sido utilizado por uma variedade de razões, a maioria das quais foi aprovada cientificamente: anti-aterosclerose, anti-microbiano, hipolipidémico, anti-trombose, anti-hipertensão, anti-diabetes, etc. Existem muitos componentes activos no alho, tais como: Ajoene, S-allyl cycteine, Di allyl (di/ three) sulfide e o mais ativo Allicine [8]. A alicina reduz possivelmente o LDL, os triglicéridos e o colesterol no soro e tem sido utilizada para doenças cardiovasculares.

O tomilho (Thymus vulgaris) é um membro da família Lamiaceae, cujos principais componentes são os fenóis, timol (40%) e carvacrol (15%). Esta erva, também utilizada tradicionalmente para vários fins medicinais: doenças respiratórias, anti microbiana, antinociceptiva e etc. O timol e o carvacrol são as principais substâncias activas antibacterianas, pelo que esta planta pode ser utilizada em vez de antibióticos comerciais. Foi relatado o valor benéfico do tomilho na indústria avícola [9].

Devido ao seu potencial probiótico, o iogurte também pode ser utilizado em vez de antibióticos comerciais. Os principais probióticos no iogurte são as bactérias do ácido lático, que podem elevar o sistema imunitário do hospedeiro. A função adequada, a inexistência de resíduos nas produções avícolas, a proteção ambiental e também a proibição do uso de antibióticos na União Europeia são as maiores vantagens do uso de probióticos. Além disso, foi relatado que o L. acidophilus pode absorver o colesterol do sistema in vitro, e este fenómeno pode diminuir o nível de colesterol do meio [12,13]. Para além disso, as bactérias Lactobacilus podem aumentar a digestibilidade das proteínas e a disponibilidade de minerais para o seu hospedeiro como Cu, Mn, Ca, Fe, P e etc [3].

Neste estudo, investigámos o alho, o tomilho e a dieta de iogurte em frangos de carne, a fim de estudar o possível efeito no desempenho, no sistema imunitário e em alguns parâmetros sanguíneos como o colesterol, o LDL e o HDL; e comparámos estes materiais com os antibióticos comerciais.

Material e método:

Animais e tratamento dietético:

Neste estudo, foram utilizados 300 frangos da Arbor Acres, separados aleatoriamente em 5 grupos de tratamento e 3 repetições, cada repetição com 20 frangos. Um grupo foi utilizado como grupo de controlo e foi alimentado com a dieta basal. O segundo grupo foi alimentado com a dieta basal acrescida de 0,5 gr/Kg de flavofosfolipol como promotor de crescimento antibiótico, o terceiro grupo foi alimentado com a dieta basal acrescida de 1 gr/Kg de alho em pó, o quarto grupo foi alimentado com a dieta basal acrescida de 1 gr/Kg de tomilho em pó e o quinto grupo foi alimentado com a dieta basal acrescida de 5 gr/Kg de iogurte.

A dieta basal foi exatamente a mesma para todos os grupos, e foi utilizada em dois tipos: dieta comercial de arranque para frangos de carne do dia 1 ao dia 21 e dieta comercial de acabamento para frangos de carne do dia 21 ao 49. As condições ambientais foram iguais para todos os grupos: temperatura, humidade, calendário de vacinação e luz. Todos os frangos tiveram livre acesso aos alimentos durante a experiência.

Desempenho:

O peso corporal foi medido no 16º, 32º e 49º dia da experiência. O consumo de ração, o rácio de conversão alimentar e a taxa de mortalidade foram determinados e calculados ao mesmo tempo.

Sistema imunitário:

No 35.º dia da experiência, foram escolhidos três pintos de cada grupo e inoculados na veia braquial com 0,1 ml (5 %) de suspensão de SRBC. Após 7 dias da injeção, foram colhidas amostras de sangue para determinação dos títulos de anticorpos SRBC por ELISA.

O rácio de heterófilos para linfócitos foi determinado e a proporção de globulina e albumina no sangue foi contada a partir de amostras de sangue obtidas da veia bariátrica de três pintos escolhidos aleatoriamente de cada grupo no 49.o dia da experiência.

Parâmetros séricos:

As amostras de sangue foram obtidas da veia barquial e centrifugadas para obtenção do soro, após 12 horas de jejum no 49º dia de experiência. Os soros foram analisados quanto a colesterol, lipoproteínas de baixa densidade (LDL), lipoproteínas de alta densidade (HDL) e triglicéridos por um conjunto de ELISA.

Análise estatística:

Após a obtenção dos dados, eles foram analisados pelo método de variância (ANOVA) considerando $P < 0,05$ usando o software SPSS 18. As diferenças significativas foram levadas ao teste de intervalo múltiplo de Duncan para comparação das médias.

Resultados e discussão:

Desempenho:

Os parâmetros de desempenho no dia 49 foram recolhidos e apresentados no quadro 1, que incluía o ganho de peso corporal, o consumo de ração e o rácio de conversão alimentar. Nos três grupos de tratamento de alho, tomilho e antibiótico, o ganho de peso corporal foi significativamente mais elevado do que no grupo de controlo, apesar de não ter havido diferença significativa entre o grupo de controlo e o grupo alimentado com iogurte, o ganho de peso corporal foi numericamente mais elevado no grupo do iogurte. Estes dados são contrários aos resultados do estudo de Fadlalla et al. em 2010 e do estudo de Onibi et al. em 2009; estes concluíram que não há diferença entre o grupo de controlo e os frangos de carne alimentados com alho tanto no ganho de peso corporal como no consumo de ração, mas, por outro lado, Shi et al. em 1999, Kumar em 2005 e Afsharmanesh et al. em 2008 obtiveram os mesmos resultados que nós; relataram o efeito positivo do alho no desempenho dos frangos de carne.

Toghyani et al, em 2010, referiram que a dosagem baixa (5g/Kg) de tomilho tem um efeito significativo no peso corporal dos frangos de carne e no seu rácio de conversão alimentar, ao passo que a dosagem alta (10g/Kg) não mostrou esse efeito. Najafi et al referiram que o grupo alimentado com uma dieta com tomilho teve um peso corporal e um rácio de conversão alimentar significativamente melhores, em 2010. Mas Tekeli et al [4] e Demir et al apresentaram resultados opostos; verificaram que o tomilho não tem influência no desempenho dos frangos de carne.

A razão mais plausível para estes contrastes nos diferentes estudos pode ser o facto de as aves serem de diferentes origens, as dosagens das ervas serem diferentes, o tipo e a quantidade de dietas basais serem diferentes e as condições ambientais serem diferentes.

Sistema imunitário:

Os resultados das contagens de SRBC, rácio de heterófilos para linfócitos, globulina e albumina são apresentados no quadro 2. O efeito do alho e do tomilho na contagem de SRBC foi significativamente superior ao do grupo de controlo, enquanto os resultados do tratamento com antibiótico e iogurte se situaram entre estes dois dados e não apresentaram qualquer diferença significativa em relação a estes três grupos. O rácio entre heterófilos e linfócitos foi mais elevado nos grupos alimentados com alho, tomilho e antibiótico, mas o iogurte não teve qualquer influência neste parâmetro. A concentração de globulina foi igual em todos os grupos e não se registaram diferenças significativas entre eles. O valor da albumina foi estatisticamente mais elevado nos grupos alimentados com alho e tomilho em comparação com o grupo de controlo, e os grupos com antibiótico e iogurte foram mais elevados apenas numericamente em comparação com o grupo de controlo.

Afsharmanesh et al relataram o título mais elevado de anticorpos para SRBC no grupo tratado com alho, enquanto o grupo tratado com iogurte não mostrou este efeito; os seus resultados foram semelhantes aos nossos.

Os resultados do estudo de Toghyani et al indicam que o tomilho não tem qualquer efeito sobre o rácio de heterófilos em relação aos linfócitos, enquanto Al-Kassie referiu um rácio significativamente mais baixo na dieta com tomilho.

Fadlalla et al relataram que o alho não tem qualquer efeito na concentração de globulina e albumina, a sua quantidade de alho era inferior à que utilizámos na nossa experiência, mas a sua maior quantidade (0,6%) foi numericamente eficaz no valor da albumina.

O alho estimula as células NK e aumenta a atividade da enzima fosfatase alcalina, tendo também sido comprovada a sua atividade antibacteriana e antifúngica. Por outro lado, o tomilho também tem atividade antibacteriana e antifúngica, além de que o timol (o principal componente do tomilho) tem atividade antioxidante. Devido a estes factos, a atividade elevadora do alho e do tomilho no sistema imunitário poderia ser prevista, como provámos na nossa investigação.

Parâmetros séricos:

A concentração dos parâmetros séricos: Triglicéridos, colesterol, LDL e HDL são apresentados na tabela 3. Os triglicéridos foram significativamente reduzidos pela dieta com antibiótico, alho e tomilho, em comparação com o grupo de controlo e o grupo do iogurte. O alho e o tomilho provocaram uma diminuição significativa do nível de colesterol no sangue dos frangos de carne, tendo o alho sido ainda mais eficaz, enquanto o grupo tratado com iogurte apresentou um nível de colesterol no sangue numericamente inferior e o grupo tratado com antibiótico apresentou quase o mesmo nível de colesterol. Não houve diferença estatística entre os grupos no nível de LDL e HDL no sangue, e parece que nenhuma das substâncias teve efeito sobre estes dois parâmetros.

Ologhobo et al referiram que o alho tem um efeito redutor no nível de triglicéridos e que os melhores resultados foram obtidos com 2 % de alho na dieta basal. Tekeli et al, Toghyani et al e Najafi et al referiram que não se verificou uma diminuição significativa do nível de triglicéridos dos frangos de carne tratados com tomilho, mas Ali et al obtiveram resultados semelhantes aos nossos. Lee et al verificaram também que o carvacrol (uma das principais substâncias do tomilho) tem uma influência redutora sobre os triglicéridos plasmáticos e, na sua opinião, isso deve-se ao efeito do carvacrol na lipogénese.

Os nossos resultados sobre o colestrol foram contrários a alguns estudos; alguns investigadores não encontraram qualquer efeito de diminuição para o alho e o tomilho. Mas, por outro lado, os resultados do estudo de Al-Kassie, Ologhobo et al e Afsharmanesh et al concordam com os nossos. Al-Kassie e Ologhobo et al relataram uma grande diferença estatística no nível de colesterol no sangue em comparação com o grupo de controlo, respetivamente para o tomilho e o alho. Afsharmanesh et al referiram que o alho diminui o nível de colesterol no sangue e os antibióticos aumentam-no significativamente; também no seu estudo, o iogurte diminuiu o nível de colesterol numericamente, tal como aconteceu no nosso estudo. Este efeito do alho pode estar relacionado com a sua atividade redutora da enzima HMG-COA; esta enzima regula a biossíntese do colesterol no fígado.

A concentração de HDL não se alterou no estudo de Najafi et al. com tomilho, Toghyani et al. obtiveram resultados semelhantes em relação ao LDL, mas verificaram que uma quantidade elevada de tomilho (10 g/Kg) pode aumentar a concentração de HDL. Ologhobo et al referiram que o alho aumenta o HDL e diminui o nível de LDL.

Conclusão:

Infelizmente, havia menos dados sobre o iogurte, pelo que não pudemos discuti-lo, mas parece que o iogurte não mostrou qualquer efeito significativo nos frangos de carne, mas ainda precisa de mais estudos. Os resultados deste estudo mostram que o alho e o tomilho podem ser uma boa alternativa aos antibióticos comerciais, podendo mesmo ter um desempenho melhor do que estes antibióticos em alguns aspectos, como alguns factores sanguíneos (colesterol, albumina e título de anticorpos). Como existe o perigo de resistência microbiana devido à utilização excessiva de antibióticos, precisamos de utilizar estes produtos naturais para melhorar as nossas indústrias avícolas.

Referências

[1] S. Jari'c, M. Ma'cukanovi'c-Joci'c, L. Djurdjevi'c et al., "An ethnobotanical survey of traditionally used plants on Suva planina mountain (south-eastern Serbia)," Journal of Eth- nopharmacology, vol. 175, pp. 93-108, 2015.

[2] P. R. Chowdhury, J. McKinnon, E. Wyrsch, J. M. Hammond, I. G. Charles, e S. P. Djordjevic, "Interação genómica em comunidades bacterianas: implicações para práticas de promoção do crescimento na criação de animais", Frontiers in Microbiology, vol. 5, no. 394, pp. 1-13, 2014.

[3] Z. Zdunczyk, R. Gruzauskas, J. Juskiewicz et al., "Growth performance, gastrointestinal tract responses, and meat characteristics of broiler chickens fed a diet containing the natural alkaloid sanguinarine from Macleaya cordata," Journal of Applied Poultry Research, vol. 19, no. 4, pp. 393- 400, 2010.

[4] J. Gong, F. Yin, Y. Hou, and Y. Yin, "Chinese herbs as al- ternatives to antibiotics in feed for swine and poultry pro- duction: potential and challenges in application," Canadian Journal of Animal Science, vol. 94, no. 2, pp. 223241, 2013.

[5] Z. Zeng, S. Zhang, H. Wang, e X. Piao, "Essential oil and aromatic plants as feed additives in non-ruminant nutrition: a review," Journal of Animal Science and Biotechnology, vol. 6, no. 1, p. 7, 2015.

[6] V. E. Okpashi, B. P. R. Bayim, e M. Obi-Abang, "Efeitos comparativos de algumas plantas medicinais: Anacardium occi-dentale, Eucalyptus globulus, Psidium guajava, e extractos de Xylopia aethiopica em ratos albinos wistar machos diabéticos induzidos por aloxana," Biochemistry Research International, vol. 2014,Article ID 203051, 13 páginas, 2014.

[7] Y. Mart'mez, O. Mart'mez, G. Liu et al., "Effect of dietary supplementation with Anacardium occidentale on growth performance and immune and visceral organ weights in re- placement laying pullets," Journal of Food, Agriculture and Environment, vol. 11, no. 3-4, pp. 1352-1357, 2013.

[8] M. R. V. Fernandes, A. L. T. D'las, R. R. Carvalho, C. R. F. Souza, e W. P. Oliveira, "Antioxidant and anti- microbial activities of Psidium guajava L. spray dried ex-tracts," Industrial Crops and Products, vol. 60, pp. 39-44, 2014.

[9] W. K. Oh, C. H. Lee, M. S. Lee et al., "Antidiabetic effects of extracts from Psidium guajava," Journal of Ethno-pharmacology, vol. 96, pp. 411-415, 2005.

[10] M. Ali, M. Kenganora, e S. N. Manjula, "Health benefits of Morinda citrifolia (Noni): a review," Pharmacognosy Journal,vol. 8, no. 4, pp. 321-334, 2016.

[11] J. Sunder, T. Sujatha e A. Kundu, "Efeito da Morinda citrifolia no crescimento, produção e propriedades imunomoduladoras em gado e aves: uma revisão", Journal of Experimental Biology and Agricultural Sciences, vol. 2016,

pp. 249-265, 2016.

[12] Y. Mart'inez, O. Mart'inez, E. Olmos, S. Siza, and C. Betancur, "Nutraceutical effect of Anacardium occidentale (AO) in diets of replacement laying pullets," Revista MVZ C'ordoba, vol. 17,no. 3, pp. 3125-3132, 2012.

[13] NRC, Nutrient Requirements of Poultry (Necessidades de nutrientes das aves de capoeira): 9th Revision Edited, National Academic Press, Washington, DC, USA, 1994.

[14] Y. M. Aguilar, J. C. Becerra, R. R. Bertot, J. C. Pel'aez, G. Liu e C. B. Hurtado, "Desempenho em termos de crescimento, caraterísticas da carcaça e perfil lipídico de pintos de carne alimentados com um emulsionante exógeno

[15] AOAC, Official Methods of Analysis of AOAC: Edition 18, Association of Official Analytical Chemists, Gaithersburg, MD, USA, 2000.

[16] M. C. E. Lomer, R. P. H. Thompson, J. Commisso, C. L. Keen, e J. J. Powell, "Determination of titanium dioxide in foods using inductively coupled plasma optical emission spectrometry," Analyst, vol. 125, no. 12, pp. 2339-2343, 2000.

[17] M. R. Perez-Gregorio, N. Mateus, and V. De Freitas, "Rapid screening and identification of new soluble tannin-salivary protein aggregates in saliva by mass spectrometry (MALDI-TOF-TOF and FIA-ESI-MS)," Langmuir, vol. 30, no. 28, pp. 8528-8537, 2014.

[18] S. Khalaji, M. Zaghari, K. H. Hatami, S. Hedari-Dastjerdi, L. Lotfi e H. Nazarian, "Sementes de cominho preto, folhas de Artemisia (Artemisia sieberi) e extrato de plantas de Camellia L. como fitogénicos

[19] L. Sav'on, I. Scull, e M. Martinez, "Farinha integral de folhagem para alimentação de aves. Composição química, propriedades físicas e rastreio fitoquímico", Cuban Journal of Agricultural Science, vol. 41, pp. 359-369, 2007.

[20] H. D. S. M. Perera, J. K. R. R. Samarasekera, S. M. Handunnetti, e O. V. D.

5. J. Weerasena, "Actividades anti-inflamatórias e anti-oxidantes in vitro de plantas medicinais do Sri Lanka," Industrial Crops and Products, vol. 94,pp. 610-620, 2016.

[21] K. W. Bai, Q. Huang, J. F. Zhang, J. T. He, L. L. Zhang e T. Wang, "Efeitos suplementares do probiótico Bacillus subtilis fmbJ no desempenho do crescimento, na capacidade antioxidante e na qualidade da carne de frangos de carne", Poultry Science, vol. 96, n.º 1, pp. 74-82, 2016.

[22] S. A. Salami, M. A. Majoka, S. Saha, A. Garber, e J. F. Gabarrou, "Efficacy of dietary antioxidants on broiler oxidative stress, performance and meat quality: science and market," Avian Biology Research, vol. 8, no. 2, pp. 65-78, 2015.

[23]   N. P. Buchanan, J. M. Hott, S. E. Cutlip, A. L. Rack, A. Asamer e J. S. Moritz, "The effects of a natural antibiotic alternative and a natural growth promoter feed additive on broiler

[24]   F. Hern'andez, J. Madrid, V. Garc'ia, J. Orengo, and M. D. Meg'ias, "Influence of two plant extracts on broilers performance, digestibility, and digestive organ size," Poultry Science, vol. 83, no. 2, pp. 169-174, 2004.

[25]   H. M. A. Hassan, A.W. Youssef, H. M. Ali, e M. A. Mohamed, "Adding phytogenic material and/or organic acids to broiler diets: effect on performance, nutrient di- gestibility and net profit," Asian Journal of Poultry Science, vol. 9, no. 2, pp. 97-105, 2015.

[26]   Y. Xiong, X. Tang, Q. Meng e H. Zhang, "Análise da expressão diferencial das proteínas traqueais de frangos de carne responsáveis pela resposta imunitária e pela contração muscular induzida por uma elevada concentração de amoníaco utilizando LC-MS/MS 2D acoplado a iTRAQ," Science China Life Sciences, vol. 59, n.º 11, pp. 1166-1176, 2016.

[27]   M. Iser, Y. Mart'inez, H. Ni et al., "Efeitos do pó de Agave fourcroydes como suplemento dietético no desempenho de crescimento, morfologia intestinal, concentração de IgG e parâmetros hematológicos de coelhos de corte", BioMed Research International, vol. 2016, Artigo ID 3414319, 7 páginas, 2016.

[28]   R. Merino-Guzm'an, J. D. Latorre, R. Delgado et al., "Com- parison of total immunoglobulin A levels in different samples in Leghorn and broiler chickens," Asian Pacific Journal of Tropical Biomedicine, vol. 7, no. 2, pp. 116-120, 2017.

[29]   M. L. Moraes, A. M. L. Ribeiro, E. Santin, e K. C. Klasing, "Effects of conjugated linoleic acid and lutein on the growth performance and immune response of broiler chickens," Poultry Science, vol. 95, no. 2, pp. 237-246, 2015.

[30]   L. Antoni, S. Nuding, J. Wehkamp, and E. F. Stange, "In- testinal barrier in inflammatory bowel disease," World Journal of Gastroenterology, vol. 20, no. 5, p. 1165, 2014.

[31]   C. Perez-Carbajal, D. Caldwell, M. Farnell et al., "Immune response of broiler chickens fed different levels of arginine and vitamin E to a coccidiosis vaccine and Eimeria challenge," Poultry Science, vol. 89, no. 9, pp. 1870-1877, 2010.

[32]   R. Yang e M. C. Hung, "The role of T-cell immunoglobulin mucin-3 and its ligand galectin-9 in antitumor immunity and cancer immunotherapy," Science China Life Sciences, vol. 60, no. 10, pp. 1058-1064, 2017.

[33]   M. Tajodini, F. Samadi, S. R. Hashemi, S. Hassani, e M. Shams-Shargh, "Effect of different levels of Artichoke (Cynara scolymus L.) powder on the

performance and im-mune response of broiler chickens," International Journal of AgriScience, vol. 4, no. 1, pp. 66-73, 20.

[34] Alcicek A, Bozkurt M, Cabuk M (2004). O efeito da combinação de óleos essenciais derivados de ervas selecionadas que crescem em estado selvagem no peru no desempenho dos frangos de carne. South Afr. Soc. Anim. Sci. 33: 89-94.

[35] Al-Kassi G (2010). Efeito da alimentação com cominhos (Cuminum cyminum) no desempenho e em algumas caraterísticas sanguíneas dos pintos de carne. Pak. J. Nutr. 9: 72-75.

[36] Ammerman E, Quarles C, Twining Jr PV (1989). Evaluation of fructooligosaccharides on performance and carcass yield of male broilers. Poult. Sci. 68 (Suppl.): 167.AOAC, 1994. [37]Association of Official Analytical Chemists, Official Methods of Analysis - Animal Feed Section.

[38] Boyraz N, Ozcan M (2006). Inibição de fungos fitopatogénicos por óleo essencial, hidrossol, material moído e extrato de Satureja hortensis L. que cresce em estado selvagem na Turquia. Int. J. Food Microbiol. 107: 238-242.

[39] Bunyapraphatsara N (2007). Utilização de plantas medicinais na produção animal. 11º Congresso Internacional, Leiden, Países Baixos, Phytopharmcology. Galinhas. Ann. Anim. Sci. 10: 157-165.

[40] El-Emary N A (1993). Plantas Medicinais do Egito: An over view I, Assiut J. Env. Erener G, Ocak N, Ak FB, Ve-Altop A. 2005.

[41] Desempenho de frangos de carne alimentados com uma dieta suplementada com óleo essencial de hortelã-pimenta (mentol) ou de origan (carvacrol). Procc do 3º Congresso Nacional de Nutrição Animal, 7-10 de setembro, Adana, pp: 58-62.

[42] Ferrini G, Baucells MD, Esteve-garca E, Barroeta AC (2008). A gordura poli-insaturada da dieta reduz a gordura da pele e a gordura abdominal em frangos de carne. Poult. Sci. 87: 528-35.

[43] Franciszk B, Sliwinski B, Rutkowska O (2010). Efeito da mistura de ervas na produtividade, mortalidade, qualidade da carcaça e parâmetros sanguíneos de frangos de carne. Ann. Anim. Sci.10: 157-165.

[44] Ghannadi A (2002). Composição do óleo essencial de sementes de Satureja hortensis L. do Irão. J. Essen. Oil Res. 14: 35-36.

[45] Gulgin I K, Kufrevio lu, Oktay M, Buyukokuro ME (2004). Actividades antioxidante, antimicrobiana, antiulcerosa e analgésica da urtiga (Uritica dioica L.). J. Ethnopharacol. 90: 205-215.

[46] Guler T, Ertas O N, Kizil M, Dalkilic B, Ciftci M (2007). Efeito do suplemento dietético de sementes de cominho preto na atividade antioxidante em frangos de carne. Medycyna Wet. 63: 1060- 1063.

[47] Gulluce M, Sokmen M, Daferera D, Agar G, Ozkan H, Kartal N, Polissiou M, Sokmen A, Sahin F (2003). Actividades antibacterianas, antifúngicas e antioxidantes in-vitro do óleo essencial e dos extractos metanólicos de caraterísticas herbáceas e culturas de calos de Satureja hortensis L. J. Agric. Food. Chem. 51: 3958 -3965.

[48] Hajhashemi V, Ghannadi A, Pezeshkian SK (2002). Efeitos antinociceptivos e anti-inflamatórios dos extractos e do óleo essencial de Satureja hortensis L. J. Ethnopharmacol. 82: 83-87.

[49] Javed M, Durani FR, Hafeez A, Khan RU, Ahmad I (2009). Efeito do extrato aquoso de uma mistura de plantas na qualidade da carcaça de pintos de carne. ARPN. J. Agr. Bio. Sci. 4:37-40.

[50] Lambert R J W, Skandamis PN, Coote P j, Nychas G JP (2001). Estudo da concentração inibitória mínima e do modo de ação do óleo essencial de orégãos, timol e carvacrol. J. Appl. Microbiol. 91:453-462.

[51] Modiry A, Nobakht A, Mehmannavaz Y (2010). Investigação dos efeitos da utilização de diferentes misturas de Urtiga (Urtica dioica), Mentha pulagum (Oreganum vulgare)

[52] Mona SRagab, Magda R A, Gihan S Farahat (2010). Efeito de molukhyia ou parsely nas caraterísticas da carcaça, na atividade da enzima glutationa peroxidase e na qualidade da carne de duas estirpes de frangos de carne. Egito. Poult. Sci. 30: 353-389.

[53] NRC, 1994. Nutrient Requirements of Poultry (Necessidades de nutrientes das aves de capoeira). 9th Edn., National Academy Press, Washington, DC. EUA, ISBN-13: 978-0-309-04892-7.

[54] Ocak N, Erener G, Burak AKF, Sungu M, Altop A, Ozmen A (2008). Desempenho de frangos de carne alimentados com dietas suplementadas com folhas secas de hortelã-pimenta (Mentha piperita L.) ou tomilho (Thymus vulgaris L.) como fonte de promotor de crescimento. Czech J. Anim. Sci. 53: 169-175.

[55] Patterson TA, Barkholder KM (2003). Application of prebiotics and probiotics in poultry production (Aplicação de prebióticos e probióticos na produção avícola), J. Poult. Sci. 82: 627-637.

[56] Porte A, Godoy R (2008). Composição química dos óleos essenciais de Thymus vulgaris L. (tomilho) do Estado do Riode Janerro (Brasil). J. Ser. Chem. Soc. 73: 307310.

[57] Safid kan F, Sadighzadeh L, Taymori M (2006). O estudo dos efeitos antimicrobianos dos óleos essenciais de Satureia hortensis. J. Med. Plants. 23: 174 - 182.

[58] Sahin F, Karaman I, Gulluce M, Ogutcu H, Sengul M, Adiguzel A, Kotan

R, Ozturk S (2003). Avaliação das actividades antimicrobianas de Satureja hortensis L. J. Ethnopharmacol. 87: 61-65.

[59] Soliman A Z, Abd El-Malak NY, Abbas AM (1995). Effect of using some commercial feed additives as promoters on the performance of growing and adult rabbits Egypt. J. App. Sci. 10: 501.

[60] Yusrizal C, Chen C (2003). Efeitos da adição de frutanos de chicória à ração no desempenho de crescimento dos frangos de carne, no colesterol sérico e no comprimento do intestino. Intr. J. Poult. Sc 214-219.

[61] Mali, R.G.; Mehta, A.A. A review on anthelmintic plants. Natr. Prod. Radiance 2008, 7, 466-475.

[62] Veerakumari, L. Botanical anthelmintics. Asian J. Sci. Technol. 2015, 6, 18811894.

[63] Ahmad, A. Uma revisão do potencial terapêutico da Nigella sativa: A miracle herb. Asian Pac. J. Trop. Biomed. 2013, 3, 337-352.

[64] Akhtar, M. Anthelmintic evaluation of indigenous medicinal plants for veterinary usage (Avaliação anti-helmíntica de plantas medicinais indígenas para uso veterinário). In Relatório Final do Projeto de Investigação PARC (1985-1986); Universidade de Agricultura: Faisalabad, Paquistão, 1988.

[65] Al-Shaibani, I. Atividade anti-helmíntica das sementes de Nigella sativa Linn. Seeds on gastrointestinal nematodes of sheep. Pak. J. Nematol. 2008, 26, 207-218.

[66] Instituto Internacional de Reconstrução Rural. Ethnoveterinary Medicine in Asia (Medicina etnoveterinária na Ásia): Um kit de informação sobre saúde animal tradicional
Care Practices, 2ª ed.; Instituto Internacional de Reconstrução Rural (IIRR): Silang, Filipinas, 1994.

[67] Guarrera, P.M. Utilizações tradicionais de plantas anti-helmínticas, antiparasitárias e repelentes na Itália Central. J. Ethnopharmacol. 1999, 68,183-192.

[68] Athanasiadou, S.; Kyriazakis, I. Metabolitos secundários de plantas: Efeitos antiparasitários e o seu papel nos sistemas de produção de ruminantes. Proc. Nutr. Soc. 2004, 63, 631-639.

[69] Fajimi, A.K.; Taiwo, A.A. Herbal remedies in animal parasitic diseases in Nigeria: A review. Afr. J. Biotechnol. 2005, 4, 303-307.

[70] Githiori, J.B.; Athanasiadou, S.; Thamsborg, S.M. Use of plants in novel approaches for control of gastrointestinal helminths in ivestock with emphasis on small ruminants. Vet. Parasitol. 2006, 139, 308-320.

[71] Raza, A.; Muhammad, F.; Bashir, S.; Aslam, B.; Anwar, M.I.; Naseer, M.U. Potencial anti-helmíntico in vitro e in vivo de diferentes plantas

medicinais contra a infeção por Ascaridia galli em aves de capoeira. World Poult. Sci. J. 2015, 72, 115124.

[72]   Biswas, K.; Chattopadhyay, I.; Banerjee, R.K.; Bandyopadhyay, U. Biological activities and medicinal properties of neem (Azadirachta indica). Curr. Sci. 2002, 82, 1336-1345.

[73]   Subapriya, R.; Nagini, S. Propriedades medicinais das folhas de neem: A review. Curr. Med. Chem. Anticancer Agents 2005, 5, 149-156.

[74]   Shalaby, H. Eficácia in vitro de uma combinação de ivermectina e óleo de Nigella sativa contra parasitas helmínticos. Glob. Vet. 2012, 9, 465-473.

[75]   Ruff, M.D. Important parasites in poultry production systems (Parasitas importantes nos sistemas de produção avícola). Vet. Parasitol. 1999, 84, 337-347.

[76]   Jabbar, A. Resistência anti-helmíntica: The state of play revisited. Life Sci. 2006, 79, 2413-2431.

[77]   Katoch, R. Prevalência e impacto dos helmintos gastrointestinais no ganho de peso corporal em galinhas de quintal na zona subtropical e húmida de Jammu, Índia. J. Parasit Dis. 2012, 36, 49-52. [PubMed]

[78]   Abbas, R.Z.; Zaman, M.A.; Sindhu, Z.U.D.; Sharif, M.; Rafique, A.; Saeed, Z.; Rehman, T.U.; Siddique, F.; Zaheer, T.; Khan, M.K.;et al. Efeitos anti-helmínticos e análise da toxicidade de um desparasitante à base de plantas contra a infeção de Haemonchus contortus e Fasciola hepatica em cabras. Pak. Vet. J. 2020, 40, 455-460.

Printed by Books on Demand GmbH, Norderstedt / Germany